被虐待的思维

主编 曹外香

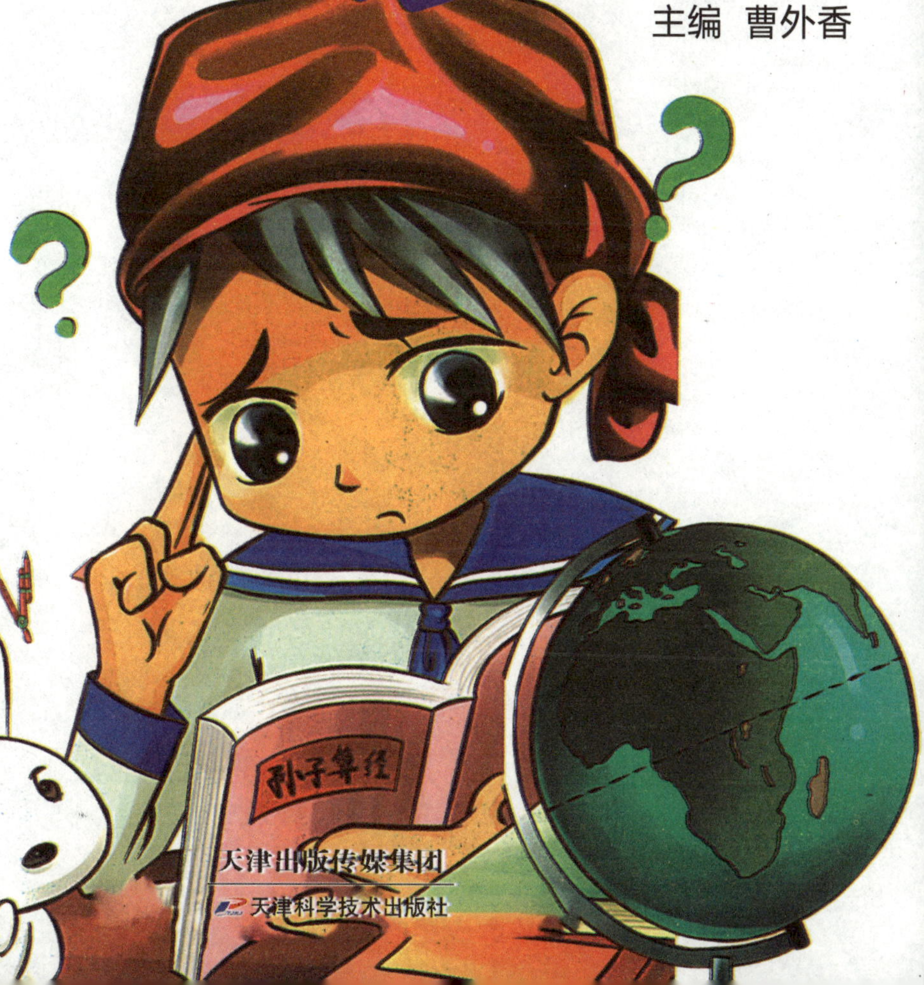

天津出版传媒集团
天津科学技术出版社

人的一生很漫长，但最关键的只有那么几步，中学阶段正是你成长的重要时期。作为一个中学生的你是什么样子的？你是不是喜欢嬉戏玩耍而害怕受拘束和禁锢？你是不是喜欢自己动手实验，而不喜欢埋首于枯燥的课本当中？你是不是喜欢天马行空的想象，而不喜欢大人给的条条框框？

是的，你一定是这样的学生。你一定像爱迪生一样爱思考；你一定像达尔文那样充满想象力；像司马光那样聪明机智；拥有毕加索那样的艺术天赋……其实，每一个学生都是天才，只是，在成长的过程中，这些才能没有被激发出来而已。

数学是一门博大精深的科学，我们的生活与它息息相关。在《被虐待的思维》这本书中，你会发现数学并不是你想象的那么枯燥，它也有和蔼有趣的一面。快速心算让你快速提高运算速度，在考试中得心应手；包含在中国古代趣题、大师的谜题中的奥数专题，能让你在轻松的阅读中提高数学能力；趣味游戏让你在快乐的玩耍中学会数学。

目录

CHAPTER 1 时间的魔术

快速心算第一招：多位数与11相乘 … 003

快速心算第二招：快速解答95×95 … 011

快速心算第三招：快速解答63×67 … 014

快速心算第四招：快速解答107×108 … 019

快速心算第五招：巧用平均数 … 024

CHAPTER 2 中国古代趣题

苏武牧羊 … 033　　撞十补除 … 038

粒米求程 … 034　　龟雁相逢 … 040

排鱼求数 … 035　　书生分卷 … 041

三藏取经 … 036　　以碗知僧 … 043

　　　　　　　　　五渠灌水 … 045

三女归宁 ... 047

环山相会 ... 048

船缸均载 ... 050

系羊问索 ... 051

推车问里 ... 052

客去忘衣 ... 053

浮屠增级 ... 055

李白沽酒 ... 057

CHAPTER 3　大师的谜题

皮埃尔·贝洛坎的经典谜题

家畜市场 ... 061

零用钱 ... 062

上当的螃蟹商人 ... 063

硬币游戏 ... 065

马丁·加德纳的经典谜题

120个奇数之和 ... 066

汽车比赛 ... 067

梯子问题 ... 067

巧连棋子 ... 068

西奥尼·帕帕斯的经典谜题

必胜秘诀 ... 070

平均分摊 ... 071

搬运工 ... 072

狭路相逢 ... 072
平均速度 ... 073
萨姆·劳埃德的经典谜题
连接锁链 ... 074
摩托车大赛 ... 076
彩色手套 ... 076
两根铁条 ... 077
巧得算式 ... 078

CHAPTER 4 聪明人的游戏

数字谜题 ... 081
巧填数阵 ... 089
神奇的一笔画 ... 102
火柴棒谜题 ... 111
数学思维极限 ... 120

CHAPTER 1

时间的魔术

　　心算最突出的特点就是"快"。学罢这一章节的内容，你将认识到你无限的头脑能量，并体会大脑运转如飞的畅快感觉。本章共介绍5招实用性最强的快速心算技巧，用最具代表性的例子让你迅速掌握速算精髓。

Avatar
淘乐斯变身公仔

CHAPTER 1 ★ 时间的魔术 ★

快速心算第一招
多位数与11相乘

把十以内的数字与11相乘相信大家都能很快地得出答案,比如 8×11=88,7×11=77等等。那么你能迅速算出34578×11吗?你能很快地算出多位数与11相乘的结果吗?

先做以下测试,检验一下你学习绝招前的速度。

学前自测

第一组 用时 _____ 正确率 _____ / 9

1. 16×11= 　　2. 27×11= 　　3. 38×11=
4. 45×11= 　　5. 61×11= 　　6. 77×11=
7. 82×11= 　　8. 87×11= 　　9. 91×11=

第二组 用时 _____ 正确率 _____ / 9

1. 123×11= 　　2. 227×11= 　　3. 267×11=
4. 1234×11= 　　5. 3564×11= 　　6. 6244×11=
7. 12345×11= 　　8. 42578×11= 　　9. 83245×11=

第一组答案:
① 176　② 297　③ 418　④ 495　⑤ 671
⑥ 847　⑦ 902　⑧ 957　⑨ 1001

第二组答案:
① 1353　② 2497　③ 2937　④ 13574　⑤ 39204
⑥ 68684　⑦ 135795　⑧ 468358　⑨ 915695

现在我们就揭晓多位数与11相乘的招法。

快速心算第一招

步骤1 把和11相乘的数的首位和末位数字拆开,中间留出若干空位(乘数为两位数则空一位,乘数为三位数则空两位,乘数为 n 位数则空 $n-1$ 位,依此类推)。

步骤2 把这个数各个数位上的数字依次相加。

步骤3 把步骤2求出的和依次填写在上一步留出的空位上。

① 两位数和11相乘

43 × 11 = ?

CHAPTER 1　　★ 时间的魔术 ★

步骤1 把43拆开，4和3之间空出一个空位。

4　　3

步骤2 4+3=7

步骤3 把7填写在4和3之间的空位上。

4 7 3

最终答案：473

原理阐释

我们可以用小学所学知识，写一写43×11的竖式，对比后你将发现其中的计算原理。

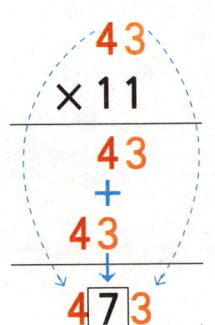

知识巩固

步骤1 把26拆开，2和6之间空出一个空位。

2　　6

步骤2 2+6=8

步骤3 把8填写在2和6之间的空位上。

2 8 6

最终答案：286

95×11=?

步骤1 把95拆开，9和5之间空出一个空位。

步骤2 9+5=14

步骤3 把14填写在9和5间的空位上。因为14>10，因此向百位进1。

9 14 5→10 4 5

最终答案：1045

★ 小贴士：填空时可先盖住右侧的答案，待完成题目后再进行核对。

❶ 17×11=1 ▢ 7　　　　❶ 1 8 7

❷ 36×11= ▢ 9 ▢　　　　❷ 3 9 6

❸ ▢ ▢ ×11=385　　　　❸ 3 5

> **小贴士**
> 因为3+5=8，可以断定没有发生进位的情况。

❹ 49×11=4 ▢ 9→ ▢ ▢ 9　　❹ 4 13 9→ 5 3 9

CHAPTER 1 ★ 时间的魔术 ★

⑤ 75×11= ☐ 12 ☐ → ☐ 2 ☐

⑥ ☐ ☐ ×11=968

⑤ 7 12 5 → 8 2 5

⑥ 8 8

> **小贴士**
> 因为9+8=17而不是6,所以乘积百位数字上的9一定是加上了从空位进上来的1后得到的,9-1=8,十位数字的空格里填上8;个位数字不会发生变动,可以推算出被乘数为88。

② 多位数和11相乘

此前我们一起学习的"招法一"不光适用于两位数与11相乘,同时也适用于两位以上的多位数与11相乘,且看以下例题。

123 × 11= ?

步骤1 把123拆开,1和3之间空出两个空位。

1 ☐ ☐ 3

步骤2 把123各个数位上的数字依次相加。

1+2=3

2+3=5

★ 时间的魔术 ★   CHAPTER 1

步骤3 把3和5依次填写在步骤1留出的两个空位上。

1 3 5 3

最终答案：1353

5296 × 11=？

步骤1 把5296拆开，5和6之间空出三个空位。

5   6

步骤2 把5296各个数位上的数字依次相加。

5+2=7

2+9=11

9+6=15

步骤3 把7、11、15分别填写在三个空位，哪个数位满10就向左边一位进1。

5 7 11 15 6 → 5 8 2 5 6

最终答案：58256

24971 × 11=？

步骤1 把24971拆开，2和1之间空出四个空位。

CHAPTER 1 ★ 时间的魔术 ★

2 ⬜ ⬜ ⬜ 1

步骤2 把24971各个数位上的数字依次相加。

2+4=6

4+9=13

9+7=16

7+1=8

步骤3 把6、13、16、8分别填写在四个空位，哪个数位满10就向左边一位进1。

2 6 13 16 8 1 → 2 7 4 6 8 1

最终答案：274681

 **完成下面的计算**

★ 小贴士：答题时可先盖住右侧的答案，待完成题目后再进行核对。

❶ 276×11=

　　❶ 2 ⬜ ⬜ 6
　　❷ 2+7=9　7+6=13
　　❸ 2 9 13 6 → 3 0 3 6
　　最终答案：3036

❷ 792×11=

　　❶ 7 ⬜ ⬜ 2
　　❷ 7+9=16　9+2=11

★ 时间的魔术 ★

CHAPTER 1

③ 7 16 11 2 → 8 7 1 2

最终答案：8712

③ 6006×11=

① 6 □ □ 6
② 6+0=6 0+0=0 0+6=6
③ 6 6 0 6 6

最终答案：66066

④ 9748×11=

① 9 □ □ 8
② 9+7=16 7+4=11 4+8=12
③ 9 16 11 12 8 → 10 7 2 2 8

最终答案：107228

⑤ 35245×11=

① 3 □ □ □ 5
② 3+5=8 5+2=7 2+4=6 4+5=9
③ 3 8 7 6 9 5

最终答案：387695

⑥ 97468×11=

① 9 □ □ □ 8
② 9+7=16 7+4=11 4+6=10
   6+8=14
③ 9 16 11 10 14 8 →
   10 7 2 1 4 8

最终答案：1072148

CHAPTER 1　★ 时间的魔术 ★

快速心算第二招
快速解答95×95

95×95=？你会如何计算这样一个复杂的算式？观察可知乘数与被乘数均为个位数为5的两位数，先做以下题目来测试一下你学习前的速度。

学前自测

自测题　　用时 _____　　正确率 _____ / 9

① 15×15=　　② 25×25=　　③ 35×35=
④ 45×45=　　⑤ 55×55=　　⑥ 65×65=
⑦ 75×75=　　⑧ 85×85=　　⑨ 95×95=

自测题答案：
① 225　　② 625　　③ 1225　　④ 2025　　⑤ 3025
⑥ 4225　　⑦ 5625　　⑧ 7225　　⑨ 9025

★ 时间的魔术 ★　　CHAPTER 1

下面让我们来学习第二招。

快速心算第二招

步骤1 十位上的数字乘以比它大1的数。

步骤2 在上一步得数后面紧接着写上25。

95×95=？

95×95=［9×（9+1）］25=9025

步骤1 十位上的数字9乘以比它大1的数10，得到90。

9×（9+1）=90

步骤2 在90后面写上25。

最终答案：9025

35×35=？

35×35=［3×（3+1）］25=1225

CHAPTER 1　★ 时间的魔术 ★

步骤1　十位上的数字3乘以比它大1的数4，得到12。

步骤2　在12后面写上25。

最终答案：1225

85×85=？

85×85=［8×（8+1）］25=7225

步骤1　十位上的数字8乘以比它大1的数9，得到72。

步骤2　在72后面写上25。

最终答案：7225

完成下面的计算

1. 15×15=　25
2. 25×25=　25
3. 45×45=20
4. 55×55=　25
5. 65×65=
6. 75×75=

1. 2 25
2. 6 25
3. 20 25
4. 30 25
5. 42 25
6. 56 25

★ 时间的魔术 ★　　CHAPTER 1

快速心算第三招

快速解答63×67

　　63×67=？似乎没有什么规律可循，但仔细观察可以发现在算式中，两个数字的十位数均相同，两个个位数的和为10。第三招就是针对这样的数字情况进行快速运算的。首先还是请你先做下以下算式。

自测题	用时　　　　　　正确率　　　　　／9

① 13×17=　　② 22×28=　　③ 34×36=

④ 41×49=　　⑤ 52×58=　　⑥ 63×67=

⑦ 73×77=　　⑧ 84×86=　　⑨ 95×95=

自测题答案：

① 221　② 616　③ 1224　④ 2009　⑤ 3016

⑥ 4221　⑦ 5621　⑧ 7224　⑨ 9025

CHAPTER 1　　★ 时间的魔术 ★

通过计算你发现什么规律了吗？现在我们就来学习第三招。

快速心算第三招

十位数相同，个位数字相加得10的两位数乘法：

步骤1　十位上的数字乘以比它大1的数。

步骤2　个位数相乘。

步骤3　将步骤2得数写在步骤1得数后即可得到答案。

想一想：其实这个法则也适用于三位数相乘，看看下面的运算结果，你是否能发现其中的规律？

124×126=15624　　　127×123=15621

158×152=24016　　　159×151=24009

177×173=30621　　　175×175=30625

189×181=［18×19］［9×1］=［342］［09］=34209

192×198=［19×20］［2×8］=［380］［16］=38016

看出规律了吧？用自己的语言把它总结出来吧。

例题精讲

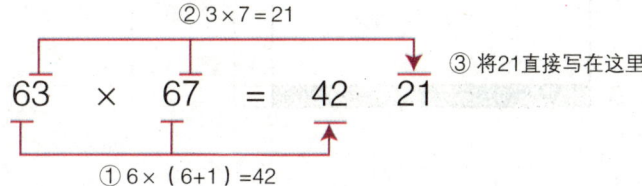

★ 时间的魔术 ★ CHAPTER 1

步骤1 十位上的数字6乘以比它大1的数7。

6×7=42

步骤2 个位数字3、7相乘。

3×7=21

步骤3 将21直接写在42之后。

最终答案：4221

原理阐释

你可能对这种算法心存疑惑，其实仔细比对一下第二招你会发现，第二招只是第三招中个位数字为5的一个特例。其实乘法就相当于是求长方形的面积（长方形面积=两边相乘），我们据此用图形法来学习这种算法的原理。

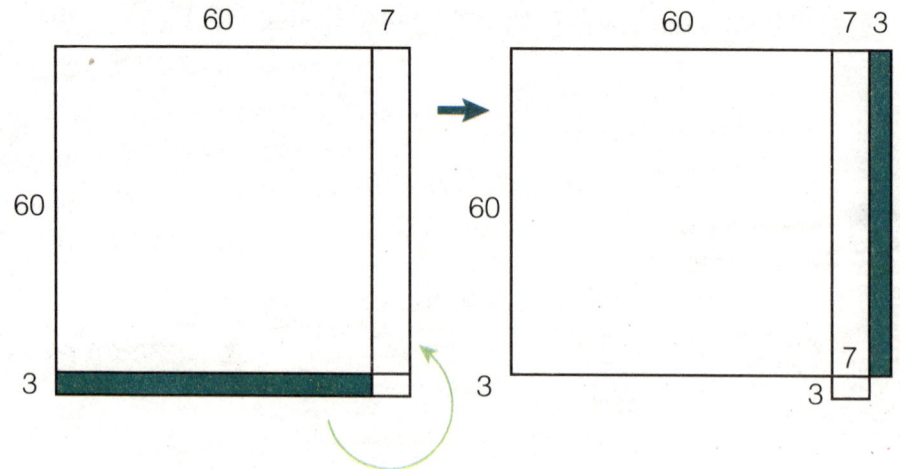

CHAPTER 1　★ 时间的魔术 ★

首先画一个长67、宽63的长方形，沿长方形的两边截取一个边长为60的正方形。当我们把从短边截取下来的长方形按箭头指示接到大正方形后时，整个图形变成两部分——长70、宽60的大长方形和长7、宽3的小长方形。计算新图形的面积只需将这一大一小两个长方形的面积相加：

　　大长方形面积：60×70=4200…………相当于步骤1

　　小长方形面积：3×7=21……………相当于步骤2

↓

　　总面积：4200+21=4221……………相当于步骤3

这其实就和我们的第三招的计算方法是完全一样的。

18 × 12=？

步骤1　十位上的数字1乘以比它大1的数2。

　　1×2=2

步骤2　个位数字8和2相乘。

　　2×8=16

步骤3　将16写在2后得到答案。

最终答案：216

★ 时间的魔术 ★ **CHAPTER 1**

49×41=?

步骤1 十位上的数字4乘以比它大1的数5。

4×5=20

步骤2 个位数字9和1相乘。

9×1=9

小贴士
如果个位数字成绩小于10，须在乘积前加"0"。

步骤3 将"09"写在2后得到答案。

最终答案：2009

① 22×28= ▢ 16

② 31×39=12 ▢

③ 42×48=20 ▢

① 2×3
↓
6 16

② 1×9
↓
12 09

③ 2×8
↓
20 16

CHAPTER 1　★ 时间的魔术 ★

④ 57×53=☐☐☐☐

⑤ 74×76=☐☐☐☐

⑥ 92×98=☐☐☐☐

④ 5×6　　7×3
　　↓　　　↓
　　30　　21

⑤ 7×8　　4×6
　　↓　　　↓
　　56　　24

⑥ 9×10　2×8
　　↓　　　↓
　　90　　16

快速心算第四招
快速解答107×108

　　两个三位数相乘的运算量是很大的，但是有一类特殊的三位数，当它们相乘时我们可以一眼就看出答案，对，就是100到109之间的任意两个数相乘。下面还是先测试一下自己学习算法前的速度与准确率。

★ 时间的魔术 ★ CHAPTER 1

学前自测

自测题   用时 [   ]   正确率 [   ] / 9

1. 101×109=
2. 101×108=
3. 102×107=
4. 103×108=
5. 104×104=
6. 104×107=
7. 105×109=
8. 106×107=
9. 109×108=

自测题答案：

1. 11009
2. 10908
3. 10914
4. 11124
5. 10816
6. 11128
7. 11445
8. 11342
9. 11772

做完之后仔细观察答案与题目，看看你能发现什么规律吗？是的，快速心算第四招就隐藏在这些数字之中。

快速心算第四招

对于100～109之间的任意两个三位数相乘，我们可以采用以下步骤：

步骤1 被乘数加上乘数个位上的数字；

步骤2 个位上的数字相乘（如果乘积小于10，需在乘积的十位数上补"0"）；

CHAPTER 1 ★ 时间的魔术 ★

步骤3 将步骤2的结果写在步骤1的结果后，得出答案。

例题精讲

$107 \times 108 = ?$

步骤1 被乘数107加上乘数个位上的数字8。

107+8=115

步骤2 两个数个位上的数字7和8相乘。

7×8=56

步骤3 将56写在115之后，得出答案。

最终答案：11556

原理阐释

相信你对这种简便的方法一定感到很好奇吧，其实这个速算招式是很容易理解的，我们不妨把107×108这个算式的竖式写出来。如右图所示：

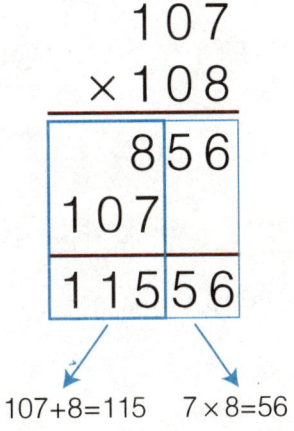

★ 时间的魔术 ★ CHAPTER 1

103 × 109=?

步骤1 被乘数103加上乘数个位上的9。

103+9=112

步骤2 把个位上的3和9两个数相乘。

3×9=27

步骤3 把步骤2的结果写在步骤1后。

最终答案：11227

102 × 104=?

步骤1 被乘数102加上乘数个位上的4。

102+4=106

步骤2 把个位上的2和4两个数相乘。

2×4=8

> **小贴士**
> 如果乘积小于10需在乘积的十位数上补"0"。

步骤3 把步骤2的结果写在步骤1后。

最终答案：10608

CHAPTER 1 ★ 时间的魔术

完成下面的计算 ▽

① $101×105=$ ☐ 05

② $103×104=$

③ $105×108=$

④ $106×109=$ ☐☐

⑤ 10☐$×10$☐$=11342$

⑥ $109×10$☐$=$☐18

① $101+5$
  ↓
  $106\ \ 05$

② $103+4\qquad 3×4$
   ↓   ↓
   $107\qquad\ \ 12$

③ $105+8\qquad 5×8$
   ↓   ↓
   $113\qquad\ \ 40$

④ $106+9\qquad 6×9$
   ↓   ↓
   $115\qquad\ \ 54$

⑤ $106\ +\ 7\ =113\qquad 6×7=42$
   ↓   ↓
   $10\ 6\ ×10\ 7\ =11342$

⑥ $18÷9=2\qquad\qquad 109+2=111$
                     ↓   ↓
   $109×10\ 2\ =\ 111\ 18$

★ 时间的魔术 ★　　CHAPTER 1

快速心算第五招
巧用平均数

两个数字的平均数是指这两个数字的和除以2后得到的数，例如150和250的平均数是200，49和51的平均数是50等等。两数相乘时，如果它们的平均数为整十、整百、整千时，可以采用中位数快速得出答案。

学前自测

自测题　用时＿＿＿＿　正确率＿＿＿＿／9

① 17×23＝
② 25×35＝
③ 34×46＝
④ 55×65＝
⑤ 72×88＝
⑥ 96×104＝
⑦ 107×113＝
⑧ 997×1003＝
⑨ 1999×2001＝

自测题答案：
① 391　② 875　③ 1564　④ 3575　⑤ 6336
⑥ 9984　⑦ 12091　⑧ 999991　⑨ 3999999

CHAPTER 1 ★ 时间 ★

你做对了几个题目？是不是把草稿纸都写满了？现在让我们一起来学习第五招吧。

快速心算第五招

当两个平均数为整十、整百、整千的数相乘时，可以采用以下简便算法。

步骤1 找出这两个数的平均数，并将其平方（二次方）。

> **小贴士**
> 某个数 a 的平方等于 $a \times a$，写为 a^2；a 的三次方等于 $a \times a \times a$，写为 a^3，依此类推。

步骤2 求被乘数（或乘数）与中间数的差，并将其平方。

步骤3 用步骤1的得数减去步骤2的得数，得到最终答案。

18 × 22 = ?

步骤1 将18和22的平均数20进行平方运算。

20×20=400

步骤2 被乘数18（或乘数22）与20的差是2，将2平方。

2×2=4

步骤3 用400减去4得到最终答案。

最终答案：396

想一想：平均数运算为什么要求相乘的两个数的平均数为整十、整百或者整千的数呢？算式72×76=？这个算式是否适合用我们刚学习的第五招呢？开动你的脑筋找找这个算式和我们之前学习的例题之间的区别吧。要知道数学的速算有许多好方法，找到最适合一道题的做法比做题准确性更加重要！提高反应速度，锻炼逻辑思维能力，解决身边的问题，这些才是我们学习数学的目的。

原理阐释

如果你学过平方差公式，那么这一招就很好理解了。

$$(a+b)\times(a-b) = a\times(a-b)+b\times(a-b)$$
$$= a\times a - a\times b + b\times a - b\times b \quad \text{将括号中的项拆开}$$
$$= a^2 - b^2 \quad \text{化简}$$

根据这个公式18×22即可做如下转变：

$18\times 22 = (20-2)\times(20+2)$

　　　20相当于公式中的a，2相当于公式中的b

$=20\times 20 - 2\times 2$
$=400-4$
$=396$

当然，没有学过公式也没关系，我们还是采用面积的方法来证明：

CHAPTER 1   ★ 时间的魔术 ★

长22宽18的长方形面积是22×18=396。

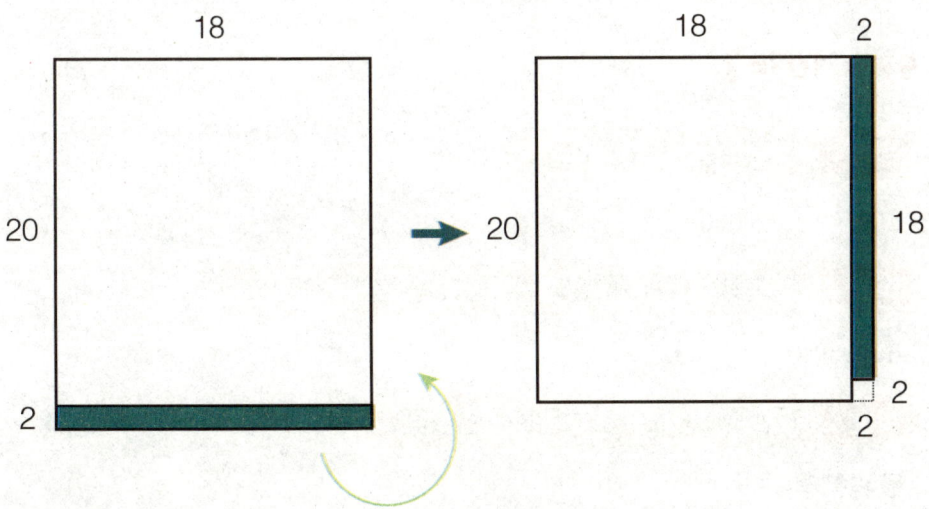

将阴影部分移接到箭头所示的位置后,新图形是一个边长为20的大正方形,它的右下角残缺了一个边长为2的小正方形。因此,新得图形的面积就是大正方形的面积减去小正方形的面积:

大正方形的面积:20×20=400　　相当于步骤1

小正方形的面积:2×2=4　　相当于步骤2

↓

新图形的面积:400－4=396　　相当于步骤3

现在大家明白了吧,以后遇到平均数的平方容易算出的算式时,就可以采用这种方法求解了。

97 × 103=?

步骤1 将两数的平均数平方。

100×100=10000

步骤2 将乘数（或被乘数）与平均数的差进行平方。

3×3=9

步骤3 将步骤1、2的结果相减得出答案。

最终答案：9991

180 × 220=?

步骤1 将两数的平均数平方。

200×200=40000

步骤2 将乘数（或被乘数）与平均数的差进行平方。

20×20=400

步骤3 将步骤1、2的结果相减得出答案。

最终答案：39600

CHAPTER 1 ★ 时间的魔术 ★

 完成下面的计算 ▽

① 27×33=

    ① 30×30=900

    ② 3×3=9

    ③ 900−9=891

    最终答案：891

② 58×62=

    ① 60×60=3600

    ② 2×2=4

    ③ 3600−4=3596

    最终答案：3596

③ 93×107=

    ① 100×100=10000

    ② 7×7=49

    ③ 10000−49=9951

    最终答案：9951

④ 141×159=

    ① 150×150=22500

    ② 9×9=81

    ③ 22500−81=22419

    最终答案：22419

⑤ 288×312=

    ① 300×300=90000

    ② 12×12=144

⑥ 1988×2012=

❸ 90000－144=89856

最终答案：89856

❶ 2000×2000=4000000

❷ 12×12=144

❸ 4000000－144=3999856

最终答案：3999856

CHAPTER 2

中国古代趣题

展示"寓理于算,不证自明"的技艺
锤炼"小中见大,鸡刀宰牛"的功夫

Mario
淘乐斯变身公仔

CHAPTER 2 ★ 中国古代趣题 ★

苏武牧羊

当年苏武去北边　不知去了多少年

分明记得天边月　二百三十五番圆

选自《算法统宗》

解答

苏武是西汉的使者，在公元前100年奉命出使匈奴，被匈奴扣留并多方威胁诱降，始终坚贞不屈，大义凛然。后被流放北海（今贝加尔湖）牧羊，生活非常艰苦，不知过了多少年月，只记得天上月亮整整圆了235次，问苏武流放了多少年？

这是一个简单的小学数学题，月亮每月圆一次，用算式表示就是：

235÷12=19余7

本题不能解答为十九年零七个月。因为根据中国农历历法，十九年中应有七个闰月，所以苏武在北海流放了十九年，直到匈奴与汉朝和好才遣送回国。

★ 中国古代趣题 ★　CHAPTER 2

粒米求程

庐山山高八十里　山峰顶上一粒米
黍米一转只三分　几转转到山脚地

选自《算法统宗》

本题是说庐山从山顶到山脚有一条80里长的道路，山顶上有一粒黍米，滚动一周，行程3分，问黍米沿着这条路滚到山脚底，共转了多少周？

需要说明的是，这是一道明代的题，取明朝的度量制度，1步=5尺，1里=360步。

因为，1里=360步，1步=5尺=500分，所以黍米一共转了：

80×360×500÷3=4800000（转）

所以黍米转了480万转。

CHAPTER 2　　★　中国古代趣题　★

排鱼求数

三寸鱼儿九里沟　口尾相衔直到头
试问鱼儿多少数　请君对面说因由

选自《算法统宗》

这是给儿童们计算的一道游戏题，目的在于巩固乘除运算方法。

已知三寸长的小鱼一个一个头尾相接排在一条9里长的水沟中，请问一共有多少条鱼？

按照明朝的度量制度，1里=360步，1步=5尺=50寸。

所以鱼的个数是：

9×360×50÷3=3240×50÷3=54000（条）

★ 中国古代趣题 ★　CHAPTER 2

三藏取经

三藏西天去取经　一去十万八千程
每日常行七十五　问公几日得回程

选自《算法统宗》

解答

　　这是根据《西游记》中的故事编写的一道趣题，练习简单的四则运算。三藏是指唐代高僧玄奘，俗称唐僧，受唐朝派遣，到印度钻研佛教典籍，翻译出经、论七十五部，一千三百五十卷，促进了

CHAPTER 2 ★ 中国古代趣题 ★

中印文化的交流。

三藏按原义来说是佛教经典的总称。它分为经、律和论三类,通常对通晓三藏的僧人尊称其为"三藏法师"。

本题是说,唐僧去西天取经,一共走了十万八千里。已知他每天走七十五里,问一共走了多少天?

来回一共走了:108000×2=216000(里)

天数:216000÷75=2880(天)

所以唐僧来回共走了2880天。

小拓展

《算法统宗》是程大位的一部主要著作,他在年轻时外出经商、求教、调研所搜集的资料的基础上,用20年的时间编著而成。全书17卷,1592年发行。列举算题595个,不仅满足了当时民间日用之需,农商经营之用,而且集珠算之大成,一举改革了筹算占用面积大、运算慢的缺点,完成了筹算到珠算的转变。

本书中的许多趣题正是选自此书。

撞十补除

撞十补除法最奇　以加代除很容易
有桃三百五十四　八十六只装一箱
请问能装多少箱　最后还余桃几只

　　　　　　　　　　　　　徽州民间古题

设有蜜桃354只，每箱限装86只，问能装多少箱？还余下几只桃子？

解法一：用除法做是很容易的

CHAPTER 2　★ 中国古代趣题 ★

354÷86=4余10

就是说可以装4箱，还余10只桃子。

但是古人提出这个问题其实是为了用算盘来解决的，但是算盘的除法口诀较为繁琐，对于没有熟练掌握算盘的人来说还是很难理解的，于是古人就发明了撞十补除的方法来解决难题。

解法二：

先求86的撞数（即补数）

100－86=14

因为每箱限装86只，如果把每箱的容量增加14只，就成了100只一箱了。用4个"14"只，能补成4个"100"只，还多出10只，故其商为4，余数为10。

凫雁相逢

今有凫起南海,七日至北海;雁起北海,九日至南海。今凫雁俱起,问何日相逢?

选自《九章算术》

"凫"一般指野鸭。本题是说,野鸭从南海飞往北海,需要7天,雁从北海飞往南海需要9天。今二鸟分别从南、北海同时起飞,问多少天后二鸟相逢?

本题虽然难度不大,但却是一个非常典型的题目。它反映了我国数学家处理分数问题时的基本思想方法,这种思想方法叫齐同术。用现代的话说,就是化为同分母的分数。

依据题意可知,凫一天飞全程的1/7化为9/63,雁飞1/9化为7/63,那么他们一天即可飞全程的16/63。所以相逢的日期即为:

$$63 \div 16 = 3\frac{15}{16} \text{(日)}$$

CHAPTER 2　★ 中国古代趣题 ★

书生分卷

　　毛诗春秋周易书　九十四册共无余　毛诗一册三人读　春秋一本四人呼

　　周易五人读一本　要分每样几多书　就见学生多少数　请君布算莫踌躇

选自《算法统宗》

　　《毛诗》《春秋》和《周易》共94本，一群学生共读这些书籍，平均3个人合读《毛诗》一册，4个人合读《春秋》一本，5个人合读《周易》一本。问学生有多少人？三书分别有多少册？

　　根据题意，平均每个学生可派读《毛诗》1/3本，《春秋》1/4本，《周易》1/5本。就一个学生来说，他派读的册数是：

$$\frac{1}{3}+\frac{1}{4}+\frac{1}{5}=\frac{4\times5+3\times5+3\times4}{3\times4\times5}=\frac{47}{60}$$

　　已知三种书的总册数为94册，故学生数为：$94\div\frac{47}{60}=120$（人）

　　毛诗：120÷3=40册；《春秋》：120÷4=30册；《周易》：120÷5=24册。

★ 中国古代趣题 ★　　**CHAPTER 2**

当然，熟悉方程的朋友也可以把人数设为x，然后列方程求解即：

$x \div 3 + x \div 4 + x \div 5 = 94$

解得：$x = 120$

同样可以得出有120个学生。

以碗知僧

巍巍古寺在山中　不知寺内几多僧
三百六十四只碗　恰合用尽不差争
三人共食一碗饭　四人共尝一碗羹
请问先生能算者　都来寺内几多僧

选自《算法统宗》

某古寺不知有多少个和尚，但直到他们3人合分一碗饭，4人合吃一碗汤，共用了364只碗，试求和尚人数。

本题命题和书生分卷类似，可采用上题的解题思路。

依题意，每人用1/3个饭碗，1/4个汤碗，每人共用的碗数是：

$$\frac{1}{3}+\frac{1}{4}=\frac{7}{12}$$

已知碗数是364，故僧数为：

$$364\div\frac{7}{12}=364\times\frac{12}{7}=624（人）$$

饭碗数为624÷3=208个，汤碗数为624÷4=156个。

当然这道题也可以用方程的思想来解决。

CHAPTER 2 ★ 中国古代趣题 ★

五渠灌水

今有池，五渠注之。其一渠开之，少半日一满；次，一日一满；次，二日半一满；次，三日一满；次，五日一满。今皆决之，问几何日满池？

选自《九章算术·均输》

有一池塘，甲、乙、丙、丁、戊五条渠道都与池塘相通。单开

甲渠，1/3天注满；单开乙渠，1天注满；单开丙渠，2.5天注满；单开丁渠，3天注满；单开戊渠，5天注满。如果五渠同开，多少天把池塘注满？

依据题意，若五渠齐开，一天能注一池水的：

$$3+1+\frac{2}{5}+\frac{1}{3}+\frac{1}{5}=\frac{74}{15}$$

所以，五渠齐开，要注满一池水需要的时间为：

$$1\div\frac{74}{15}=\frac{15}{74}（日）$$

方蜡自燃

今有白方一块蜡　　白方高厚一尺八

一日对天燃一寸　　问燃几年何用法

答曰：16.2年。

提示：蜡块体积1.8立方尺。

选自《算法统宗》

CHAPTER 2 ★ 中国古代趣题 ★

三女归宁

张家三女孝顺 归家探望勤劳
东村大女隔三朝 五日西村二女到
小女南乡路远 依然七日一遭
何日齐至饮香醪 请问英贤回报

选自《算法统宗》

本题是最小公倍数的应用题。题意是张家有3个女儿,长女3日回家一次,二女5日回家一次,三女7日回家一次,她们同一天离家,问几日后她们又同时到家相会?

她们第二次聚会的日期是3、5、7的最小公倍数,用记号:[3,5,7]表示

[3,5,7]=3×5×7=105(天)

★ 中国古代趣题 ★　　CHAPTER 2

环山相会

今有封山周栈三百二十五里，甲、乙、丙三人同绕周栈而行，甲日行一百五十里，乙日行一百二十里，丙日行九十里。问周几何日会？

选自《张丘建算经》

周栈即栈道，指沿山修出的环山道路。本题的意思是说：今有环山道路周长325里，甲、乙、丙三人环山而行，甲每日走150里，

乙每日走120里，丙每日走90里。如果行走连续不断，问从同一点出发，多少天后再相遇于原出发点？

先求出甲、乙、丙所行里数的最大公约数。

（150，120，90）=30

以30作为除数去除栈道周长325即得再相遇的天数。

$325 \div 30 = 10\frac{25}{30} = 10\frac{5}{6}$（日）

以30去除甲、乙、丙日行里数，即得相遇时所行周数。

甲行：150÷30=5（周）

乙行：120÷30=4（周）

丙行：90÷30=3（周）

小拓展

今有内营七百二十步，中营九百六十步，外营一千两百步。甲、乙、丙三人值夜，甲行内营，乙行中营，丙行外营，俱发南门。甲行九，乙行七，丙行五。问各行几何周，俱到南门？

答曰：甲行十二周，乙行七周，丙行四周。

选自《张丘建算经》

船缸均载

三百六十一只缸,任君分作几船装。不许一船多一只,不许一船少一缸。

选自《算法统宗》

今有水缸361只,分装在若干个船上,要求每船所装的缸数相同,问共需要多少只船?每船装几只缸?

这道题的实质就是让你把361用两个数相乘来表示出来,但是361看起来又很像一个质数,不过,如果你对数字的平方很敏感的话就不难发现:

19×19=361(只)

所以需要19只船,每船装19只缸。

CHAPTER 2　★ 中国古代趣题 ★

系羊问索

旷野之地有个桩，桩上系着一只羊。团团踏破三亩二，试问羊绳几丈长。

出自《算法统宗》

解答

一条绳索系着一只羊，羊踏坏一块面积为3.2亩的圆形庄稼，试求绳索的长度（1步=5尺，1亩=240方步，为了计算简便我们把圆周率π定为3）。

先将圆的面积化为平方步

3.2×240=768（方步）

设圆的半径为r，根据面积公式s=πr^2可知

$r = \sqrt{256} = 16$（步）

将步化为尺可知，绳长80尺，也就是8丈。

★ 中国古代趣题 ★   CHAPTER 2

推车问里

二人推车忙且苦,半径轮该尺九五。一日推转二万遭,问君里数如何数。

出自《算法统宗》

本题是指由二人一推一拉的独轮车,已知车轮半径为一尺九寸五分,一日推转两万周,问日行多少里?

还是采用上道题的尺寸换算和圆周率取值,则车轮周长为117寸。依题意可知,这轮每日转两万周,共行路程为:

117×20000=2340000(寸)

进行单位换算可知日行里数为:

2340000÷18000=130(里)

CHAPTER 2 ★ 中国古代趣题 ★

客去忘衣

今有客马日行三百里，客去忘持衣，日已三分之一，主人乃觉。持衣追及与之而还，至家，视日四分之三。问主人马不休，日行几何？

选自《九章算术·均输》

已知客人骑的马日行300里，客人走后1/3日，主人发觉客人有

衣服忘记带走，于是立刻骑马追上，把衣服还给客人以后立即骑原来的马回家，到家时正好是3/4日。问主人的马速日行多少里？

主人追到客人又回到原地，往返所走的时间是：

$$\frac{3}{4} - \frac{1}{3} = \frac{5}{12}（日）$$

主人追到客人单程所用的时间便是总时间的一半就是5/24日。

因此客人被主人追到时行走的路程就是：

$$300 \times \left(\frac{5}{24} + \frac{1}{3}\right) = 162\frac{1}{2}（里）$$

因此速度就等于路程除以时间：

$$162\frac{1}{2} \div \frac{5}{24} = 780（里/日）$$

CHAPTER 2　★ 中国古代趣题 ★

浮屠增级

远望巍巍塔七层，红光点点倍加增。共灯三百八十一，请问尖头几盏灯。

选自《算法统宗》

解答

"浮屠"就是佛塔。本题是说，远处有一座佛塔，塔上挂满了红灯，下一层灯数是上一层灯数的2倍，全塔共有381盏，试问顶层有几盏灯？

每一层塔的灯数实际上构成了一个公比为2的等比数列，依

据题意可知,从顶层到底层的灯数之比为:

1∶2∶4∶8∶16∶32∶64

其总和为:

1+2+4+8+16+32+64=127

即把灯数分成127份,顶层有1份,因为总共有381盏灯,所以每份有:381÷127=3盏灯。

因此顶层灯数为3盏。

小拓展

今有三鸡共啄粟一千一(1001)粒,雏啄一,母啄二,翁啄四,主责本粟三鸡主各偿几何?

答曰:鸡雏主143,鸡母主286,鸡翁主572。

选自《孙子算经》

CHAPTER 2　　★ 中国古代趣题 ★

李白沽酒

今携一壶酒，游春郊外走，逢朋加一倍。入店饮斗九，相逢三处店，饮尽壶中酒。试问能算士，如何知原有？

选自《算法统宗》

解答

李白，唐代大诗人，曾漫游全国，吟诗作赋，博学多才。民间有："斗酒诗百篇"之说。晚年生活清苦，卒于安徽当涂。本题借

李白之名，编了一则饮酒故事，说他在郊外春游时，做出这样一条规定：遇见朋友，先到酒店里将壶里的酒增加一倍，再饮去其中的19升酒（1斗=10升，斗九即为19升）。根据这样的规定，在三个店里遇到了朋友，正好饮尽壶中的酒。问壶中原有多少酒？

这里我们可以采用方程的思想来求解。

不妨设壶中原有酒x升，依题意有：

$2[2(2x-19)-19]-19=0$

解得：$x=16.625$

所以壶中原有酒量为16.625升。

小拓展

（牛顿问题）一人经商，每年财产增加1/3，但要从中花去家用的100英镑，经过三年后，他的财产翻了一番，问他原有财产是多少？

答案：1480英镑。

CHAPTER 3

大师的谜题

　　从芝诺到牛顿,从阿基米得到高斯,数学大师们并不是一群躲在象牙塔内冥思苦想、不食人间烟火的怪人,本书所引用的大师的谜题,都美妙、有趣、善于变化,让你在思辨过程中品味思维的乐趣。

McDonald's
淘乐斯变身公仔

CHAPTER 3　★ 大师的谜题 ★

皮埃尔·贝洛坎的经典谜题

皮埃尔·贝洛坎是一位聪明的法国人。他所接受的作为一名运筹师的教育背景使得他具有良好的数学和逻辑思维能力。他的这些难题经过仔细筛选和精心设计，每一道题都需要进行缜密的逻辑分析和有趣的思维过程。

★ 1 家畜市场 ★

A、B、C三位农夫在家畜市场上相遇了，他们想用自己的家畜换别人的家畜。A对B说："我把我的6头猪给你，换你的一匹马，这样你拥有的家畜数目就是我的两倍了。"

C对A说："我把我的14只绵羊给你，换你的一匹马，这样你拥有的家畜数目就是我的三倍了。"

B对C说："我把我的4头奶牛给你，换你的一匹马，这样你拥有的家畜数目就是我的六倍了。"

那么请问，A、B、C三人各自带了多少头家畜来市场呢？

依据题意，不妨设A、B、C三人带的家畜数目分别为：a、b、c，我们可以得到以下方程组：

$b+5=2(a-5)$

$a+13=3(c-13)$

$c+3=6(b-3)$

解得：$a=11$　$b=7$　$c=21$

所以他们三人各带了11头、7头、21头家畜到集市。

2 零用钱

阿尔要求他爸爸每星期给他1美元的零用钱，可是爸爸对这种超过50美分的要求予以拒绝。

争论了一会儿后，精通算术的阿尔说："这样吧，今天是4月份的第1天，你给我1美分；明天，你给我2美分；后天，你给我4美分。总之，每天给我的钱是前一天给我的两倍。""给多长时间？"

爸爸问道。"一个月就好了。""好吧，"爸爸立即答应，"就这么说定了。"请你算一算，一个月后，阿尔的爸爸要付给他多少钱呢？

本题显示出了几何级增长的无穷威力。如果从1美分开始不断地加倍，最初，数量增长得还算缓慢，但随后将越来越快，我们可以看看前7天的情况：

CHAPTER 3 ★ 大师的谜题 ★

日期	当天得到的美分数	总共得到的美分数
4月1日	1	1
4月2日	2	3
4月3日	4	7
4月4日	8	15
4月5日	16	31
4月6日	32	63
4月7日	64	127

如果这张表继续下去，那么在4月30日那天爸爸需要支付给孩子5368709.12美元，并且这一个月他需要支付给阿尔的钱超过了1000万美元，其实际数值为10737418.23美元。

★ 3 上当的螃蟹商人 ★

有一个商人，以卖螃蟹为生。这天，他带了一篓子又肥又大的螃蟹到市场上去卖，开价是每500克100元。新鲜的螃蟹和便宜的价格很快就引来了很多顾客前来围观。

其中有一个顾客说道："这螃蟹真不错，不过蟹脚和蟹钳吃起来挺麻烦的，要是能只买蟹肚就好了。"

商人白了他一眼，心里想："真是的，哪里有蟹脚蟹肚分开来卖的？好吃的蟹肚卖给你，剩下的蟹脚蟹钳怎么办呀？"

这时，另外一个顾客说："正好，我倒是只想要蟹脚蟹钳，不

想要蟹肚。"他转脸对商人说:"你的这些螃蟹我们两个全包了,我要蟹钳蟹脚,他要蟹肚。你现在的价格是每500克100元,那么蟹肚算70元,蟹钳蟹脚算30元,70元加30元还是100元。麻烦你把每只螃蟹的蟹钳蟹脚和蟹肚都分开,然后给我们称一下。"

商人觉得可以一下子卖掉所有的螃蟹,心里很是高兴,就马上同意了。

蟹肚共1500克,蟹脚蟹钳共500克。于是一个顾客付了210元,另一个顾客付了30元,然后两个人就分别拎着蟹肚和蟹钳蟹脚消失在人群中。

商人数着手里的钱,心中忽然觉得不对:螃蟹一共是2000克,应该卖得400元,怎么现在只有240元呢?那160元钱哪里去了呢?

问题就出在顾客说的"你现在的价格是每500克100元,那么蟹肚算70元,蟹钳蟹脚算30元,70元加30元还是100元"这句话上。这句话本身没有错,但是很容易给人造成误解。认真考虑一下:"500克螃蟹中含有的蟹肚算70元"和"500克蟹肚算70元"的意思一样吗?把这个想通了之后,你自然会找到那160元的去处。

CHAPTER 3　　★ 大师的谜题 ★

④ 硬币游戏

有两个人，轮流掷一枚硬币。谁先扔出反面谁就是赢家。当然，先掷硬币者的取胜机会显然比他的对手大。然而，他们的取胜机会准确地说各是多少呢？

处理本题最简单的途径在于：注意到游戏一开始就有着50%的概率出现反面，从而使得先掷硬币者取胜；而对于后掷硬币者来说，他获胜的概率为：50%×50%=25%（先掷硬币者第一次丢出正面的概率乘以后掷硬币者丢出背面的概率）。因为每掷两次，先掷硬币者的取胜机会总是后掷硬币者的两倍，又因为要么第一人取胜要么第二人取胜，他俩获胜的概率之和为100%，其比例为2∶1，那么他们两人的获胜概率就分别为2/3和1/3。

马丁·加德纳的经典谜题

马丁·加德纳在美国是家喻户晓的人物。他没有数学博士的学位，但是他的作品却让数学家也为之着迷。在他的笔下，一个个枯燥乏味的数学难题变得趣味十足。让我们一起来领略有着"美国的国家财富"之称的大师的风采。

❶ 120个奇数之和

从1，3，5，7，9中随意挑出四个不同的奇数可以组成一个四位数，如5713。这样的数总共有120个。你能算出这120个数字的和吗？（提示：你没有必要把它们一个一个地加起来。）
5713+3957+…=？

设想把这120个数字叠成高高的一列，进行加法运算，那么一共会有5列数相加，而120个个位上的数字之和必然等于十位、百位、千位上的数字之和。通过分析可知，这5列数中，每一列都必然包含120个数字，其中：1、3、5、7、9各24个。因此每一纵列

的数字之和应当为：

（1+3+5+7+9）×24=600

因此这120个数字的总和为：

600×1+600×10+600×100+600×1000=666600

2 汽车比赛

A和B决定在一场公路汽车赛中一比高下，他们要在一条环形公路跑道上跑好几圈。A跑一圈要25分钟，B则要30分钟。

如果两人同时出发，那么A要花多长时间才能领先B一圈？

比赛开始后25分钟A就跑完了一圈，而B仅仅跑了25/30即5/6圈。可见，每经过25分钟，A就领先B 1/6圈。依此类推，他将在6×25=150分钟时领先B整整一圈。

3 梯子问题

一把梯子靠在墙壁上，一位工人正在爬上爬下地粉刷墙壁，忙得不亦乐乎。一开始，他站在梯子的中间一级，然后向上爬了5级，再向下爬了7级，又向上爬了4级，最后向上又爬了9级，到达

梯子的顶部。

这把梯子一共有多少级？

工人目前是在梯子的中间一级上，我们只要算出他移动了多少步到达了顶部就可以知道梯子的总级数。由题意可知，工人向上一共爬了：5−7+4+9=11级。

因此梯子一共就有：11+11+1=23级

❹ 巧连棋子

图中三点共线的棋子共有3组，请移动1枚棋子，使三点共线的棋子达到4组。

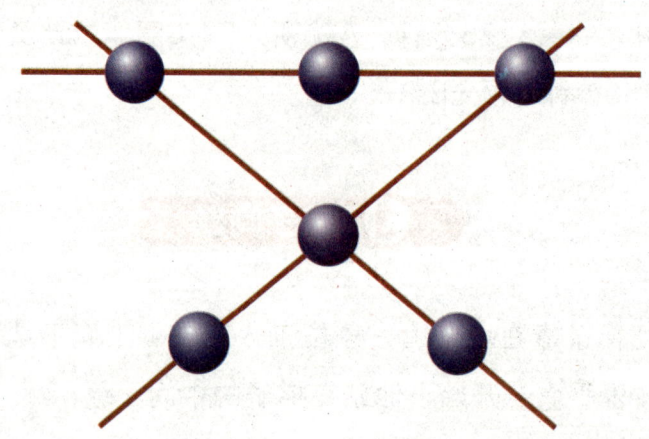

CHAPTER 3　★　大师的谜题　★

如图把横线中间的棋子向下拉即可得到所需图形。

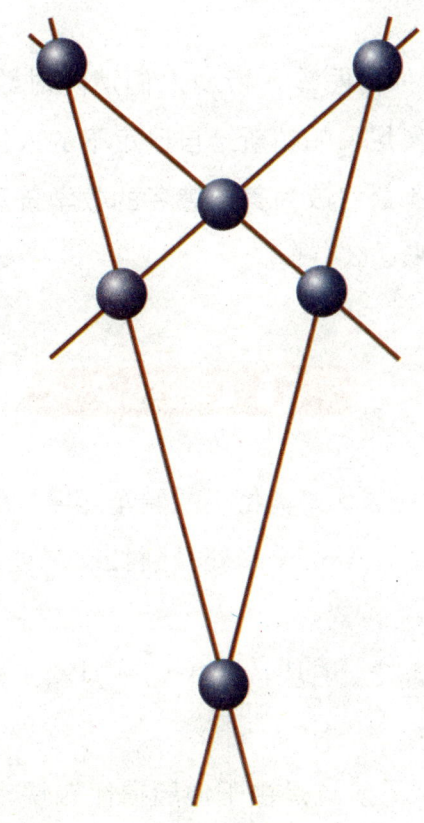

西奥尼·帕帕斯的经典谜题

揭开数学的神秘面纱,帮助人们消除对数学的神秘感和畏惧感——这就是西奥尼·帕帕斯给自己定下的人生奋斗目标。这位文学硕士出身的女士最终成为美国著名的数学普及作家,她的作品让我们发现数学原来这么有趣。

1 必胜秘诀

A和B两个人打算比一比他们的骑车速度,但他们只有一辆自行车。在一条平路上,A从1千米处骑到12千米处,B坐在自行车后座上为他计时。

在同一条道路上,B从12千米处骑到24千米处,A则坐在后座上计时。

结果A轻松取胜。这是由于他骑得比较快,身体较重,还是别的什么原因呢?

从1千米处骑到12千米处,距离只有11千米,但从12千米处骑

CHAPTER 3 ★ 大师的谜题 ★

到24千米处却有12千米。A骑得距离比B骑得短,这才是问题的关键。

② 平均分摊

哈里森与一位朋友会餐。他带来了5种菜肴,他的朋友带来了3种菜肴。

会餐马上就要开始了,又有一位朋友不请而至,加入会餐。这第二位朋友拿出4美元,作为他的应付份额。如果每种菜肴的价钱都一样,按照平均分摊的原则,哈里森与他的第一位朋友应该怎样分配这4美元呢?

答案

既然第二位朋友付出了4美元,那么菜肴的总价就等于 $3×4=12$ 美元。

吃了8种菜肴,依题意,每份菜肴为 $12÷8=1.5$ 美元。

哈里森带来了5种菜肴,值7.5美元,减去他自己消费的4美元菜肴,哈里森多付出了3.5美元,应从中得到3.5美元。

同理第一位朋友多付出了0.5美元,他则得到4美元中剩下的0.5美元。

★ 大师的谜题 ★　CHAPTER 3

③ 搬运工

一位探险家打算在几名搬运工的帮助下横穿一片沙漠。全部行程要走6天，但是探险家与搬运工每人只能带4天的口粮。

探险家需要几名搬运工？他们究竟能否穿越这片沙漠？

这名探险家只要有2名搬运工就能穿越沙漠了。

他们某天早上同时出发，每人都带4天的口粮。到这天晚上，每人身上还有3天的口粮。这时，第一名搬运工带着1天的口粮回去，于是探险家和第二名搬运工各有4天的口粮。

到第二天晚上，这两人身上都各剩3天的口粮。第二名搬运工带上2天的口粮回去了。于是探险家还有4天的口粮，这足够他走出沙漠。

④ 狭路相逢

一条铁路连接两座城镇。每一小时都有一列火车从一座城镇出发开往另一座城镇。所有火车都以同样的速度匀速前进，从一座城镇到另一座城镇的一次行程需要用5小时。

问在一次行程中，一列火车在路上会遇到多少列火车？

CHAPTER 3 ★ 大师的谜题 ★

所遇上的第一列火车是当火车开出站台时正迎面进站的火车。所遇上的最后一列火车是当火车到达终点时正离开站台的火车。

而在途中,每隔半小时遇上一列火车,也就是说途中共遇到9列火车。所以总共遇到11列火车。

⑤ 平均速度

在一次往返旅途中,去时的速度是每小时10千米,回城的速度是每小时15千米。整个旅程的平均速度是多少?

在回答这道问题前,不要过于着急,否则你肯定会忙中出错。

平均速度等于总路程除以总共花去的时间。如果单纯的用(10+15)÷2=12.5千米/时,来得到答案那就出错了。因为,去时和回来时所花费的时间是不一样的。

解决这类题目我们可以假设路程为60千米,则去时用了6小时,回来时用了4小时,总路程便是120千米,总时间为10小时,平均速度就是12千米/小时。

★ 大师的谜题 ★   CHAPTER 3

萨姆·劳埃德的经典谜题

作为世界上少数几个伟大的数学趣题家之一，10岁就会下国际象棋的萨姆·劳埃德用他的聪明才智为我们创造了很多妙趣横生的数学题，其作品曾经风靡欧美。《趣题大全》是他留给后人的一份珍贵的遗产。

★ 1 连接锁链 ★

如图所示5条锁链。想把它连接成一条锁链，应该打开几个环与其他环相接？假设打开一个环1分钟，关闭一个环也是1分钟，请问最短需要几分钟？

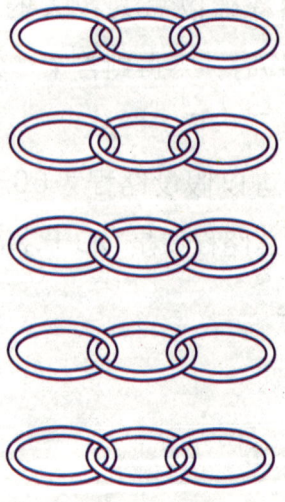

CHAPTER 3 ★ 大师的谜题 ★

这是一个久负盛名的谜题。几乎所有人都认为10分钟（因为要接5个头），或者8分钟（打开再关闭4个环即可）。

实际上把其中的一条锁链全部打开，更节省时间。如下图所示，总共使用6分钟就可以把锁链全部连接起来。

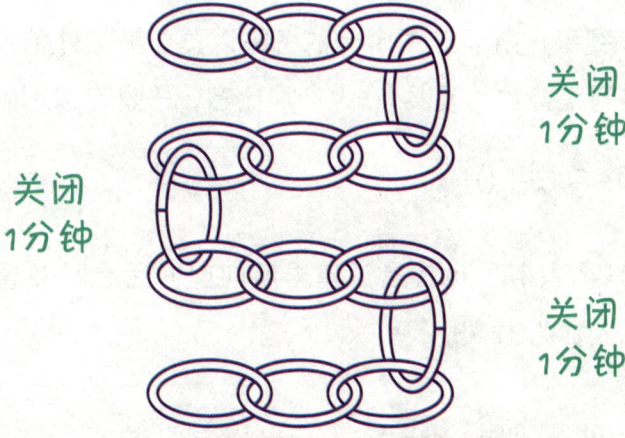

② 摩托车大赛

莫里斯正在环形赛道上参加摩托车比赛。他发现在他面前的参赛者的五分之一，加上在他后面的参赛者的六分之五，刚好等于参加这次比赛的总人数。

那么，请问这次比赛一共有多少人参加？

由于赛道是一个闭合的环形，所以在莫里斯前面的参赛者也是在他后面的参赛者，所以这两个分数各乘以莫里斯之外的所有参赛者人数后都得到正整数，设共有x人参加比赛，于是可以得到方程：

$$\frac{1}{5}(x-1)+\frac{5}{6}(x-1)=x$$

解得$x=31$（人），也就是说莫里斯向前向后看时都看到了30人，参赛者总人数为31人。

③ 彩色手套

在衣柜抽屉中杂乱无章地放着10只红色的手套和10只蓝色的手套。这20只手套除颜色不同外，其他都一样。现在房间中一片漆

黑，你想从抽屉中取出两只颜色相同的手套。最少要从抽屉中取出几只手套才能保证其中有两只配成颜色相同的一双？

千万不要把简单的问题想复杂了，这道题完全没有必要从概率的角度去想。先取出两个手套，如果它们颜色不一样，那么第三次取出的手套必然会和其中的一只颜色配套，因此只需要取出三只手套就可以保证其中有两只能配成颜色相同的一双。

★ ④ 两根铁条 ★

一张桌上放着两根铁条。看上去它们一模一样，但是其中一根是有磁性的（两端各有一个磁极），而另一根没有磁性。

如果只允许你在桌面上移动它们，不能把它们提起，也不能借助于任何其他物品或器具，你能不能判定哪一根铁条是有磁性的？

当你开始物理学中磁力的学习时，老师一定会向你提出这个问题的，现在你可以提前知道答案了。条形磁铁的中部是没有磁性的，根据这一点，我们可以把两根铁条摆成一个"T"字形。这时，如果两个铁条相互吸引，那就说明横放着的是没有磁性的铁

条；反之，如果没有相互吸引，那么横放着的就是有磁性的铁条。

⑤ 巧得算式

以下算式中，等号左边均为四个"4"，你能否通过添加四则运算符号或者"（）"来完成算式，最终得到等号右边的结果呢？

4　4　4　4＝1　　4　4　4　4＝2
4　4　4　4＝3　　4　4　4　4＝4
4　4　4　4＝5　　4　4　4　4＝6

$4 \times 4 \div 4 \div 4 = 1$　　$4 \div 4 + 4 \div 4 = 2$

$(4 \times 4 - 4) \div 4 = 3$　　$(4 - 4) \times 4 + 4 = 4$

$(4 \times 4 + 4) \div 4 = 5$　　$(4 + 4) \div 4 + 4 = 6$

这是非常有名的"四个4"谜题。除以上答案外还有其他算法，看看你能再找出多少种算法。

CHAPTER 4
聪明人的游戏

　　数学原来还可以这样玩？建建模型，看看聪明人如何把现实中的困难问题用数学思想巧妙解决；倒推算式，测测自己的逆向思维能力；摆摆火柴，锻炼一下自己的应变能力。
　　是不是觉得有些困难？没关系，思维就是得在虐待中成长！

Ultraman
淘乐斯变身公仔

CHAPTER 4 ★ 聪明人的游戏 ★

数字谜题

1 把1~9这九个数字填到下面的九个□里,组成三个等式(每个数字只能填一次):

$$\begin{cases} \square + \square = \square, \\ \square - \square = \square, \\ \square \times \square = \square. \end{cases}$$

如果从加法与减法两个算式入手,那么会出现许多种情形。如果从乘法算式入手,那么只有下面两种可能:

2×3=6或2×4=8,

所以应当从乘法算式入手。

因为在加法算式□+□=□中,等号两边的数相等,所以加法算式中的三个□内的三个数的和是偶数;而减法算式□-□=□可以变形为加法算式□=□+□,所以减法算式中的三个□内的三个数的和也是偶数。于是可知,原题加减法算式中的六个数的和应该是偶数。

若乘法算式是2×4=8,则剩下的六个数1,3,5,6,7,9的

和是奇数，不合题意；

若乘法算式是2×3＝6，则剩下的六个数1，4，5，7，8，9可分为两组：

4＋5＝9，8－7＝1（或8－1＝7）；

1＋7＝8，9－5＝4（或9－4＝5）。

所以答案为：

$$\begin{cases} 7+1=8, \\ 9-4=5,（其中1和7，4和5，2和3可以对调）\\ 2\times 3=6, \end{cases}$$

与 $$\begin{cases} 4+5=9, \\ 8-7=1,（其中4和5，7和1，2和3可以对调）\\ 2\times 3=6。 \end{cases}$$

2 在下列各加法算式中，相同的汉字代表相同的数字，不同的汉字代表不同的数字，求出这两个算式：

```
    我 学 数 学
      学 数 学
        数 学
  ＋       学
  ─────────────
    4 4 8 8
```

CHAPTER 4 ★ 聪明人的游戏 ★

　　这是一道四个数连加的算式,其特点是相同数位上的数字相同,且个位与百位上的数字相同,即都是汉字"学"。

　　从个位相同数相加的情况来看,和的个位数字是8,有两种可能情况:2+2+2+2=8与7+7+7+7=28,即"学"=2或7。

　　如果"学"=2,那么要使三个"数"所代表的数字相加的和的个位数字为8,"数"只能代表数字6。此时,百位上的和为"学"+"学"+1=2+2+1=5≠4。因此"学"≠2。

　　如果"学"=7,那么要使三个"数"所代表的数字相加再加上个位进位的2,和的个位数字为8,"数"只能代表数字2。

　　百位上两个7相加要向千位进位1,由此可得"我"代表数字3。

　　满足条件的解如下式:

$$
\begin{array}{r}
3727 \\
727 \\
27 \\
+7 \\
\hline
4488
\end{array}
$$

　　验证可知符合题意,因此"学"为7,"数"为2,"我"为3。

3 在下列加法算式中，相同的汉字代表相同的数字，不同的汉字代表不同的数字，求出这些汉字所代表的数字：

```
          努
        努 力
      努 力 学
   + 努 力 学 习
   ─────────────
     5 4 3 2
```

由千位看出，"努"=4。由千、百、十、个位上都有"努"，5432－4444=988，可将竖式简化为：

```
         力
       力 学
   + 力 学 习
   ──────────
     9 8 8
```

同理，可以看出"力"=8，988－888=100，因此原式又可简化为：

```
       学
   + 学 习
   ────────
     1 0 0
```

CHAPTER 4　★ 聪明人的游戏 ★

从而求出"学"=9，"习"=1。

满足条件的算式即为：

```
        4
       4 8
      4 8 9
 +   4 8 9 1
    ─────────
     5 4 3 2
```

4 下面算式中的不同汉字都代表着1～9之间的不同数字，请算出每个汉字所代表的数字。

$$
\begin{array}{r}
\text{奥 林 匹 克 竞 赛} \\
\times \qquad\qquad\qquad \text{赛} \\
\hline
\text{数 数 数 数 数 数}
\end{array}
$$

由于个位上的"赛"×"赛"所得的积不再是"赛"，而是另一个数，所以"赛"的取值只能是2，3，4，7，8，9。

下面采用逐一试验的方法求解。

（1）若"赛"＝2，则"数"＝4，积=444444。被乘数为444444÷2＝222222，而被乘数各个数位上的数字各不相同，所以

"赛"≠2。

(2) 若"赛"=3，则"数"=9，按照(1)的方法验证，也不行。

(3) 若"赛"=4，则"数"=6，积=666666。666666÷4得不到整数商，不合题意。

(4) 若"赛"=7，则"数"=9，积=999999。被乘数为999999÷7=142857，符合题意。

(5) 若"赛"=8或9，代入验证后均不合题意。

所以，被乘数是142857。

原算式即为：142857×7=999999。

5 填入适当的数字完成下列算式。

```
       6 □ □
  ×    □ □ □
  ─────────
       □ □ □
     □ □ □ □
   □ 5   5
  ─────────
   □ □ 5 4 □
```

CHAPTER 4 ★ 聪明人的游戏 ★

为清楚起见，我们用A，B，C，D，…表示□内应填入的数字，则原式变为：

```
       6 A B
   ×   C D E
   ─────────
       □ F □
     □ □ G
   □ 5 □ 5
   ─────────
   □ □ 5 4 □
```

由被乘数大于500可知，E=1。由于乘数的百位数与被乘数的乘积的末位数是5，故B、C中必有一个是5。若C=5，则有：

6□□×5=（600+□□）×5=3000+□□×5，也就是说□□×5=505，又因为□□为两位数，不可能等于505，与题意不符，所以B=5。

再由B=5推知G=0或5。若G=5，则F=A=9，此时被乘数为695，无论C为何值，它与695的积不可能等于□5□5，与题意不符，所以G=0，F=A=4。此时已求出被乘数是645，经试验只有645×7满足□5□5，所以C=7；最后由B=5，G=0知D为偶数，经试验知D=2。

所以原竖式为：

$$\begin{array}{r} 645 \\ \times\ 721 \\ \hline 645 \\ 1290 \\ 4515 \\ \hline 465045 \end{array}$$

此类乘法竖式题应根据已给出的数字、乘法及加法的进位情况，先填比较容易的未知数，再依次填其余未知数。有时某未知数有几种可能取值，需逐一试验决定取舍。

CHAPTER 4　★ 聪明人的游戏 ★

巧填数阵

1 将1~8这八个数分别填入下图的○中,使两个大圆上的五个数之和都等于21。

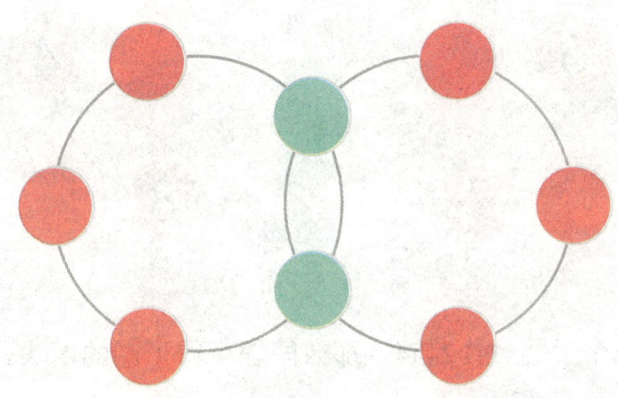

中间两个数是重叠数,重叠次数都是1次,所以两个重叠数之和为

21×2－(1+2+…+8)=42－36=6。

在已知的八个数中,两个数之和为6的只有1与5,2与4。每个大圆上另外三个数之和为21－6=15。

如果两个重叠数为1与5,那么剩下的六个数2,3,4,6,7,8平分为两组,每组三数之和为15的只有

2+6+7=15和3+4+8=15,

故有下图的填法:

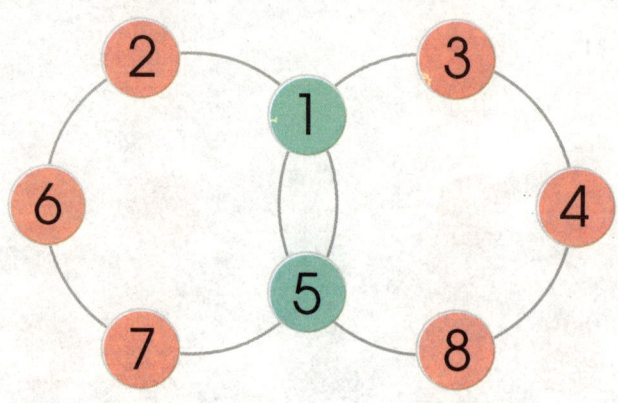

如果两个重叠数为2与4,那么同理可得下图的填法。

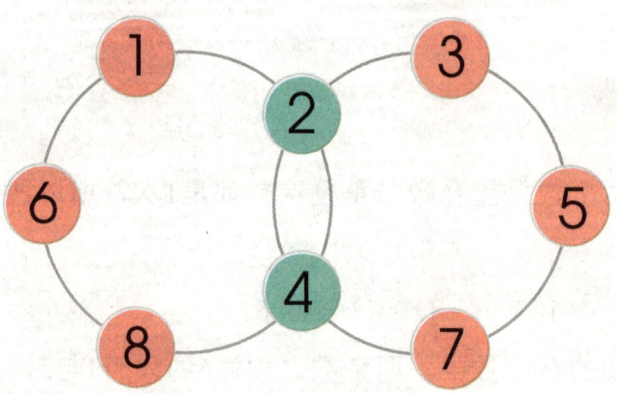

2 将1~6这六个自然数分别填入下图的六个○内，使得三角形每条边上的三个数之和都等于11。

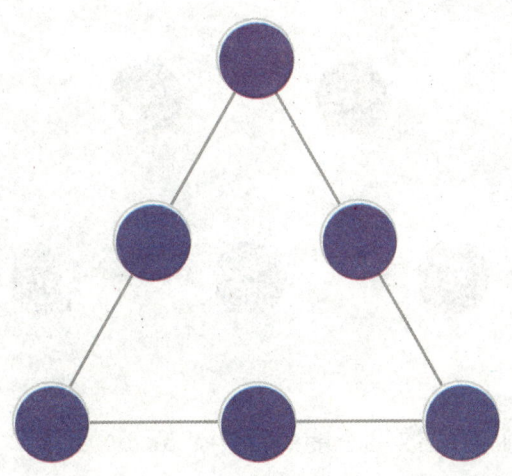

本题有三个重叠数，即三角形三个顶点○内的数都是重叠数，并且各重叠一次。所以三个重叠数之和等于

11×3－（1+2+…+6）=12。

1~6中三个数之和等于12的有1，5，6；2，4，6；3，4，5。

如果三个重叠数是1，5，6，那么根据每条边上的三个数之和等于11，可得下图的填法。容易发现，所填数不是1~6，不合题意。

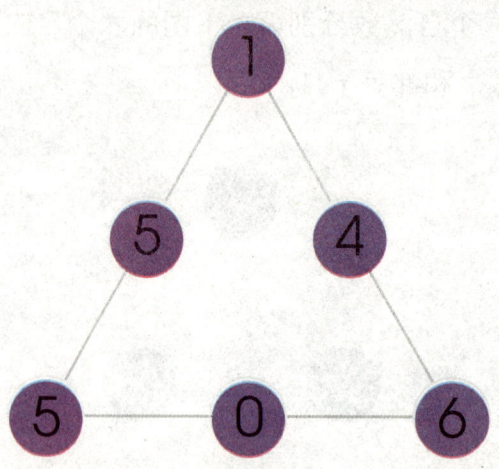

同理，三个重叠数也不能是3，4，5。

经试验，当重叠数是2，4，6时，可以得到符合题意的填法，见下图：

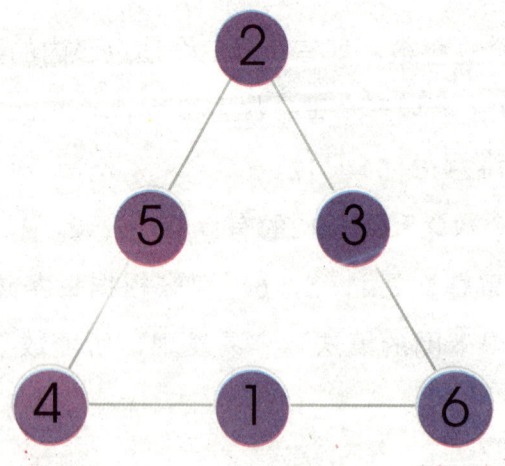

CHAPTER 4　★ 聪明人的游戏 ★

3 将1~6这六个自然数分别填入下图的六个〇中，使得三角形每条边上的三个数之和都相等。

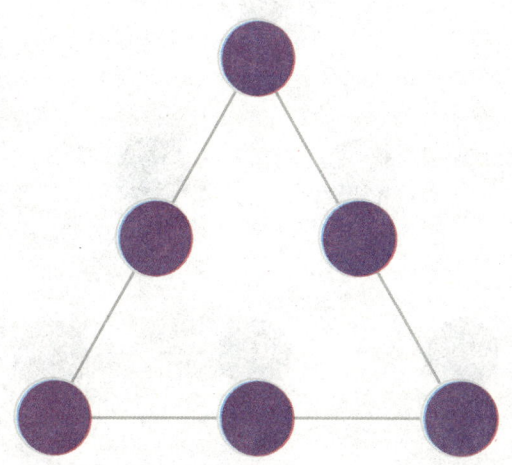

本题与第二题的不同之处在于：不知道每边的三数之和等于几。因为三个重叠数都重叠了一次，由（1+2+…+6）+重叠数之和＝每边三数之和×3，得到每边的三数之和等于

［（1+2+…+6）+重叠数之和］÷3

＝（21+重叠数之和）÷3

＝7+重叠数之和÷3。

因为每边的三数之和是整数，所以重叠数之和应是3的倍数。考虑到重叠数是1~6中的数，所以三个重叠数之和只能是6，9，12或15，对应的每条边上的三数之和就是9，10，11或12。

由此可以得到下列四种排列方法:

每边三数之和等于12

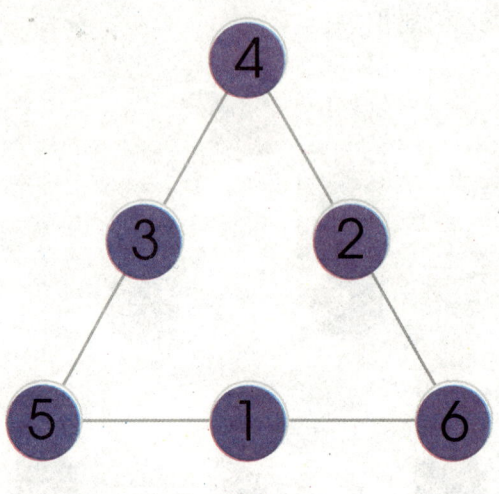

每边三数之和等于11

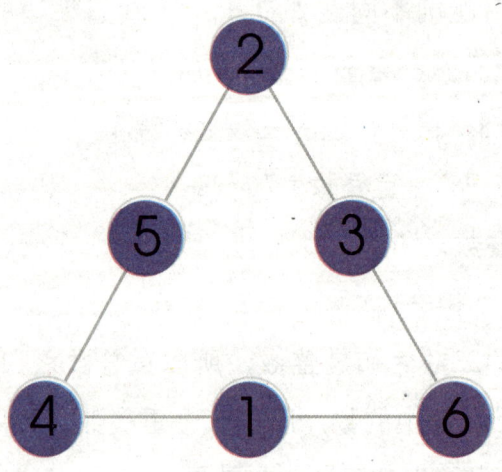

每边三数之和等于10

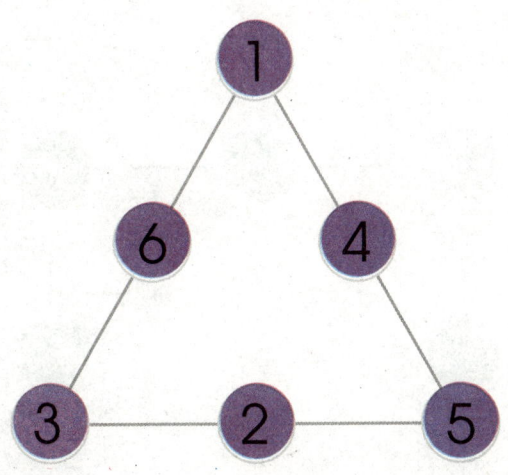

每边三数之和等于9

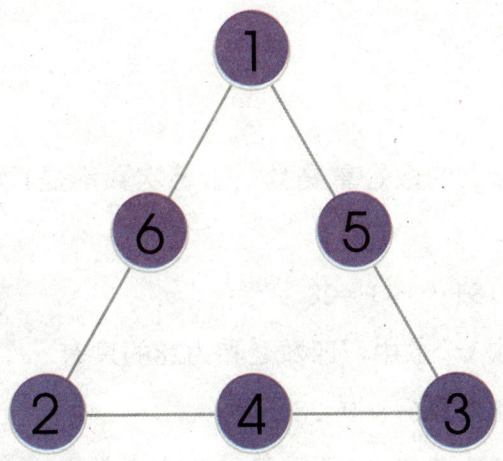

4 将2~9这八个数分别填入下图的〇里,使每条边上的三个数之和都等于18。

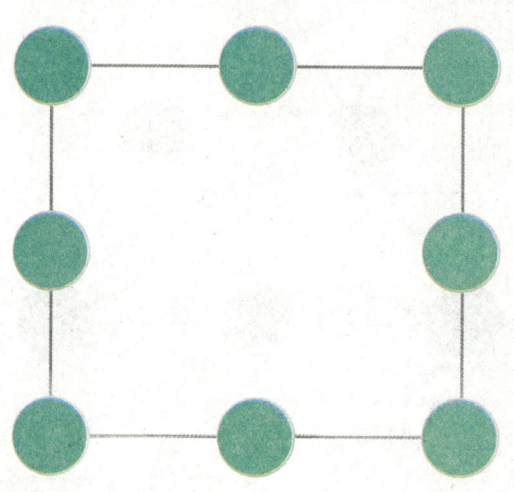

因为四个角上的数是重叠数,重叠次数都是1次。所以四个重叠数之和等于:

18×4-(2+3+…+9)=28。

而在已知的八个数中,四数之和为28的只有:

4+7+8+9=28或5+6+8+9=28。

又由于18-9-8=1,1不是已知的八个数之一,所以,8和9只能填对角处。由此得到下图所示的重叠数的两种填法:

CHAPTER 4　★ 聪明人的游戏 ★

填法1：

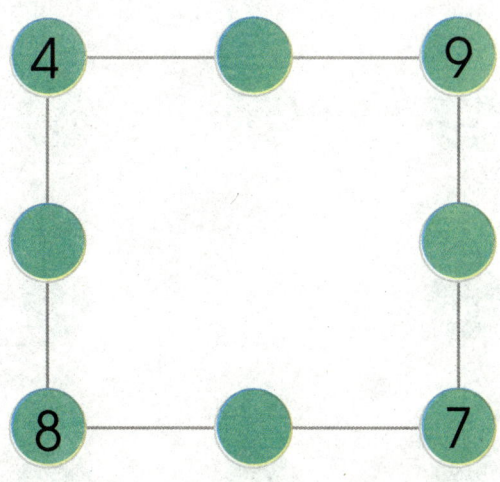

填法2：

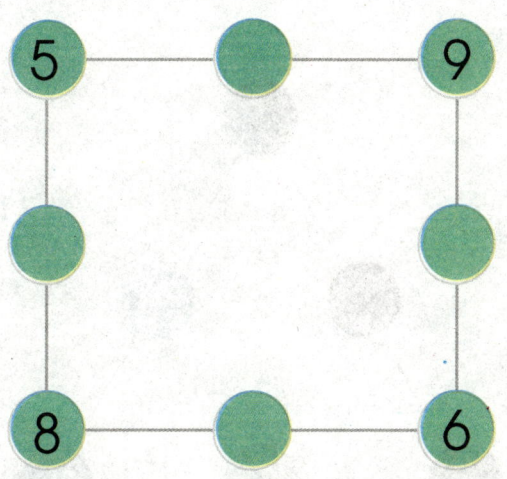

对这两种填法进行试填可知，只有填法1符合题意，最终得到结果为：

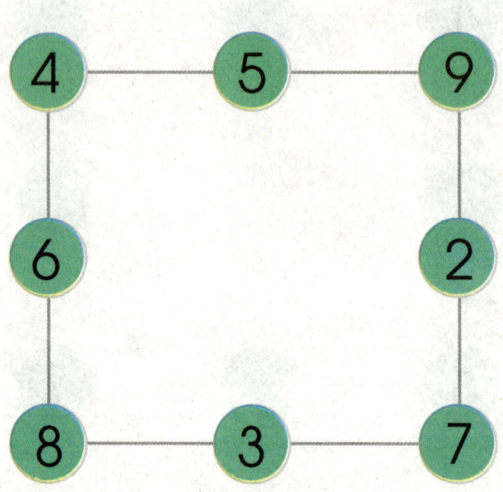

对于此种封闭型数阵，我们可以用以下思路来解答。

封闭型3-3图：

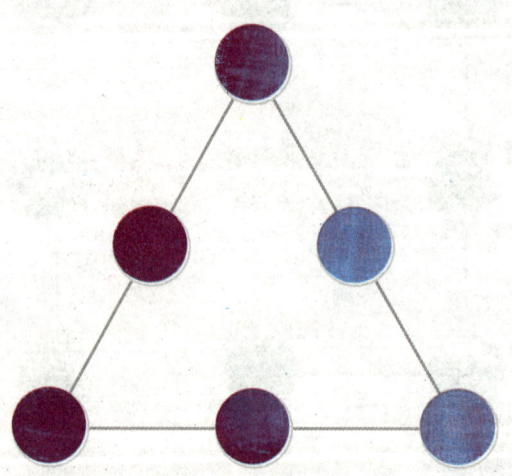

CHAPTER 4　★ 聪明人的游戏 ★

封闭型4-3图：

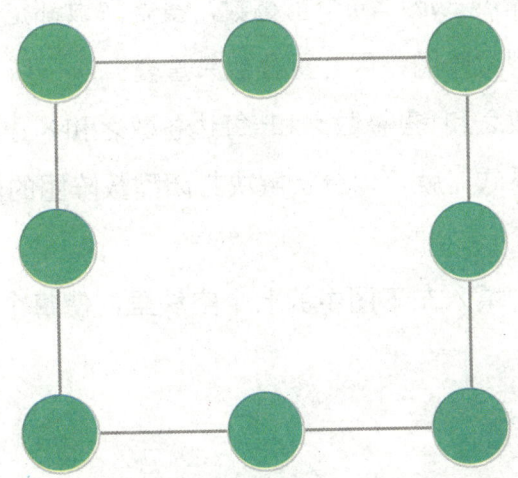

封闭型5-3图：

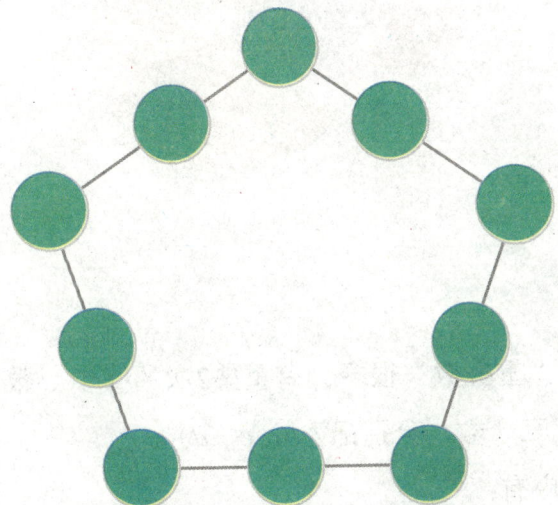

一般地,在m边形中,每条边上有n个数的图形称为封闭型$m-n$图。封闭型$m-n$图有m个重叠数,重叠次数都是1次。

对于封闭型数阵图,因为重叠数只重叠一次,所以

已知:各数之和+重叠数之和=每边各数之和×边数。

由这个关系式,就可以分析解决封闭型数阵图的问题。

5 把1~7分别填入左下图中的七个空块里,使每个圆圈里的四个数之和都等于13。

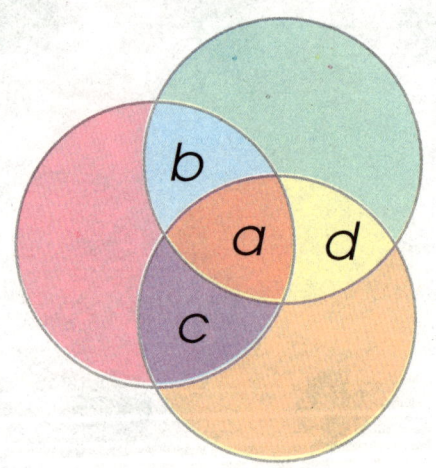

这道题的"重叠数"很多。有重叠2次的(中心数,记为a);有重叠1次的(三个数,分别记为b,c,d)。

根据题意应有:

$(1+2+\cdots+7)+a+a+b+c+d=13\times 3$,

CHAPTER 4 ★ 聪明人的游戏 ★

即 $a+a+b+c+d=11$。

因为1+2+3+4=10，11−10=1，所以只有$a=1$，b，c，d分别为2，3，4才符合题意，填法见下图：

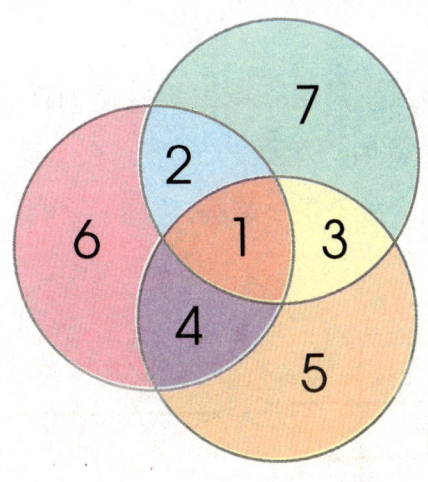

神奇的一笔画

如果一个图形可以用笔在纸上连续不断而且不重复地一笔画成,那么这个图形就叫一笔画。显然,在下面的图形中,(1)(2)不能一笔画成,故不是一笔画,(3)(4)可以一笔画成,是一笔画。

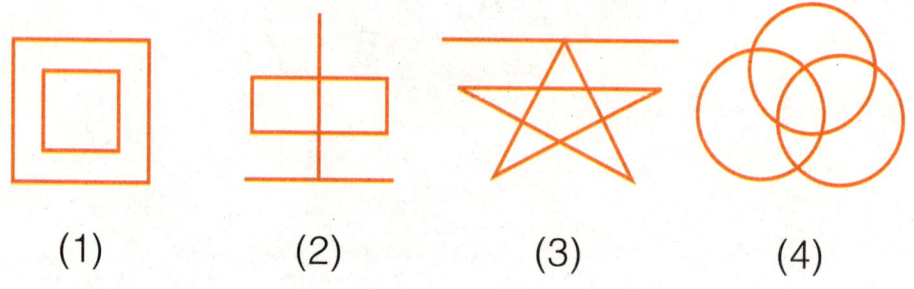

(1)　　　　(2)　　　　(3)　　　　(4)

同学们可能会问:为什么有的图形能一笔画成,有的图形却不能一笔画成呢?一笔画图形有哪些特点?

关于这个问题有一个著名的数学故事——哥尼斯堡七桥问题。

哥尼斯堡是立陶宛共和国的一座城市,布勒格尔河从城中穿过,河中有两个岛,18世纪时河上共有七座桥连接A、B两个岛以及河的两岸C、D(如下图):

CHAPTER 4　　★ 聪明人的游戏 ★

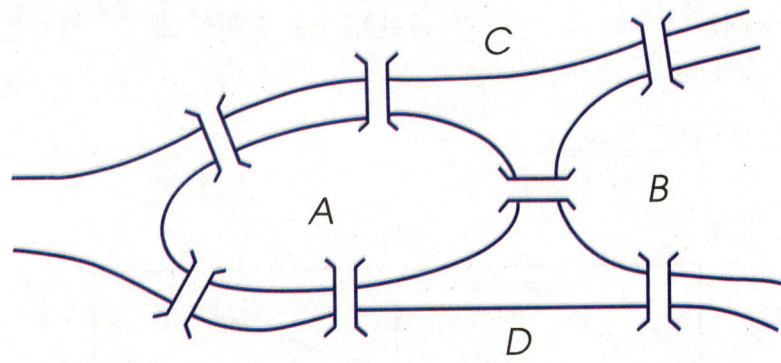

所谓七桥问题就是：一个散步者要一次走遍这七座桥，每座桥只走一次，怎样走才能成功？

当时的许多人都热衷于解决七桥问题，但是都没成功。后来，这个问题引起了大数学家欧拉（1707—1783）的兴趣，许多人的不成功促使欧拉从反面来思考问题：是否根本就不存在这样一条路线呢？经过认真研究，欧拉终于在1736年圆满地解决了七桥问题，并发现了一笔画原理。欧拉是怎样解决七桥问题的呢？因为岛的大小、桥的长短都与问题无关，所以欧拉把A、B两岛以及陆地C、D用点表示，桥用线表示，那么七桥问题就变为下图是否可以一笔画的问题了。

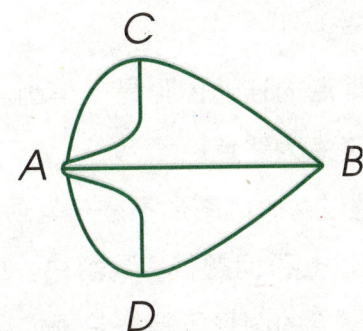

我们把一个图形上与偶数条线相连的点叫做偶点,与奇数条线相连的点叫做奇点。如下图中,A、B、C、E、F、G、I是偶点,D、H、J、O是奇点。

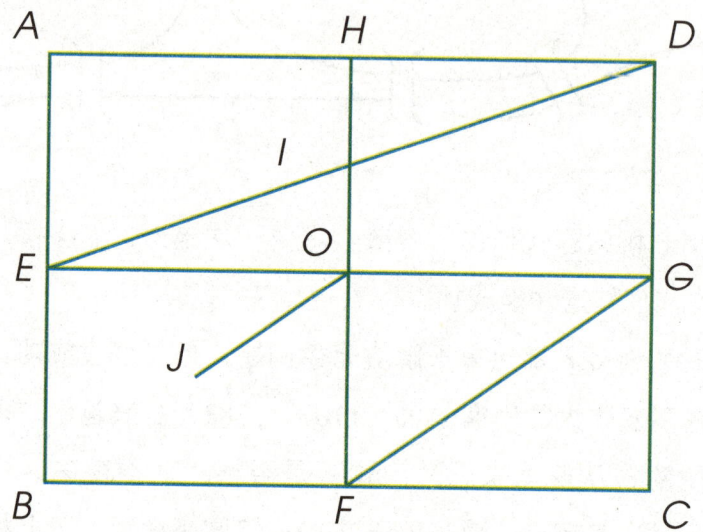

欧拉的一笔画原理是:

(1)一笔画必须是连通的(图形的各部分之间连接在一起);

(2)没有奇点的连通图形是一笔画,画时可以以任一偶点为起点,最后仍回到这点;

(3)只有两个奇点的连通图形是一笔画,画时必须以一个奇点为起点,以另一个奇点为终点;

(4)奇点个数超过两个的图形不是一笔画。

利用一笔画原理,七桥问题很容易解决。因为图中A、B、C、D都是奇点,有四个奇点的图形不是一笔画,所以一个散步者不可

CHAPTER 4　★ 聪明人的游戏 ★

能不重复地一次走遍这七座桥。

顺便补充两点：

（1）一个图形的奇点数目一定是偶数。

因为图形中的每条线都有两个端点，所以图形中所有端点的总数必然是偶数。如果一个图形中奇点的数目是奇数，那么这个图形中与奇点相连接的端点数之和是奇数（奇数个奇数之和是奇数），与偶点相连的线的端点数之和是偶数（任意个偶数之和是偶数），于是得到所有端点的总数是奇数，这与前面的结论矛盾。所以一个图形的奇点数目一定是偶数。

（2）有K个奇点的图形要K÷2笔才能画成。

例如：下面左图中的房子共有B、E、F、G、I、J六个奇点，所以不是一笔画。如果我们将其中的两个奇点间的连线去掉一条，那么这两个奇点都变成了偶点，如果能去掉两条这样的连线，使图中的六个奇点变成两个，那么新图形就是一笔画了。将线段GF和BJ去掉，剩下I和E两个奇点（见右下图），这个图形是一笔画，再添上线段GF和BJ，共需三笔，即6÷2笔画成。

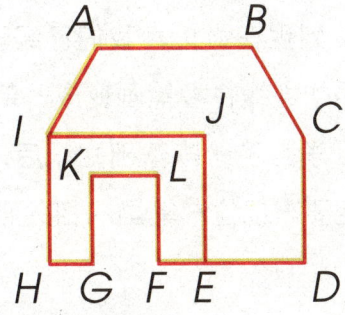

一个K（K>1）笔画最少要添加几条连线才能变成一笔画呢？

我们知道K笔画有2K个奇点，如果在任意两个奇点之间添加一条连线，那么这两个奇点同时变成了偶点。

如左下图中的B、C两个奇点在右下图中，经过连接都变成了偶点。

所以只要在K笔画的2K个奇点间添加（K－1）笔就可以使奇点数目减少为2个，从而变成一笔画。

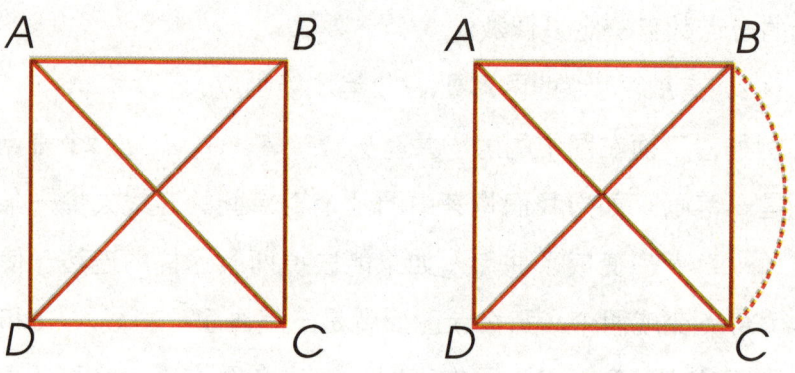

例如左图中，有A、B、C、D四个奇点，不是一笔画。将B、C相连后，奇点数变为2个，就可以一笔画成了。

到现在为止，我们已经学会了如何判断一笔画和多笔画以及怎样添加连线将多笔画变成一笔画。

学习了这些基础知识后，我们就可以着手解决一笔画问题了。一定要牢记住一笔画的相关原则哦！

CHAPTER 4 ★ 聪明人的游戏 ★

1 下图是某展览馆的平面图，一个参观者能否不重复地穿过每一扇门？

如果不能，请说明理由。

如果能，应从哪开始走？

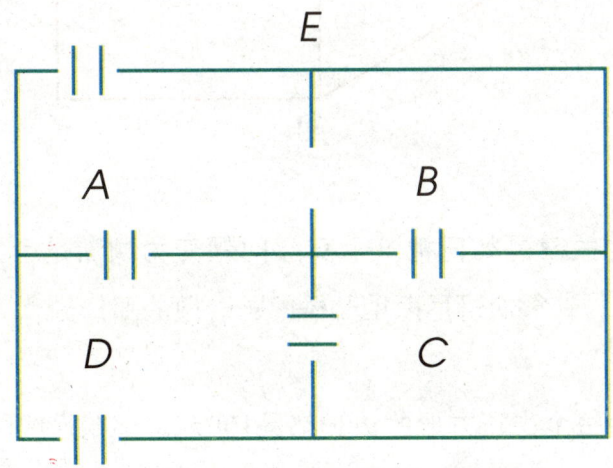

我们将每个展室看成一个点，室外看成点E，将每扇门看成一条线段，两个展室间有门相通表示两个点间有线段相连，于是得到下图。

能否不重复地穿过每扇门的问题，就变为下图是否为一笔画问题。

通过观察可知：

图中只有A、D两个奇点，是一笔画，所以答案是肯定的，应该从A或D展室开始走。

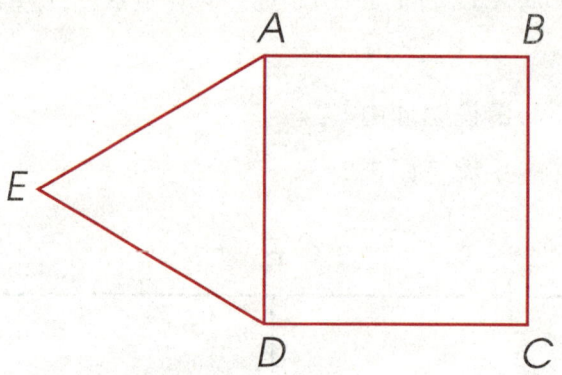

此题的关键是如何把一个实际问题变为判断是否为一笔画问题，就像欧拉在解决哥尼斯堡七桥问题时做的那样。

2 下图中每个小正方形的边长都是100米。小明沿线段从A点到B点，不许走重复路，他最多能走多少米？

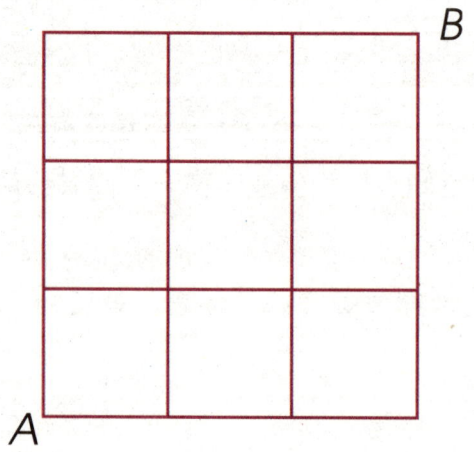

大部分朋友在解决这个问题时都会采用试画的方法,实际上可以用一笔画原理求解。首先,图中有8个奇点,在8个奇点之间至少要去掉4条线段,才能使这8个奇点变成偶点;其次,从A点出发到B点,A、B两点必须是奇点,现在A、B都是偶点,必须在与A、B连接的线段中各去掉1条线段,使A、B成为奇点。所以24条线段中至少要去掉6条线段,也就是最多能走1800米,可以有以下两种走法:

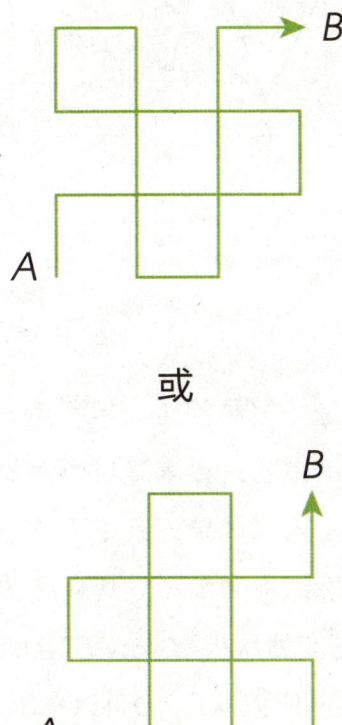

或

★ 聪明人的游戏 ★　　CHAPTER 4

3 在六面体的顶点B和E处各有一只蚂蚁，它们比赛看谁能爬过所有的棱线，最终到达终点D。已知它们的爬速相同，哪只蚂蚁能获胜？

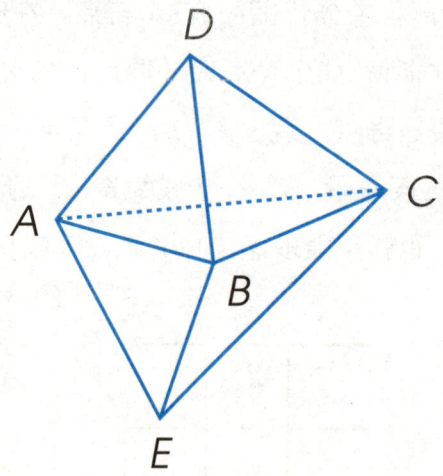

　　许多同学看不出这是一笔画问题，但利用一笔画的知识，能非常巧妙地解答这道题。这道题只要求爬过所有的棱，没要求不能重复。可是两只蚂蚁爬速相同，如果一只不重复地爬遍所有的棱，而另一只必须重复爬某些棱，那么前一只蚂蚁爬的路程短，自然先到达D点，因而获胜。问题变为从B到D与从E到D哪个是一笔画问题。图中只有E、D两个奇点，所以从E到D可以一笔画出，而从B到D却不能，因此E点的蚂蚁获胜。

CHAPTER 4 ★ 聪明人的游戏 ★

火柴棒谜题

用火柴棒可以摆出以下数字和运算符号：

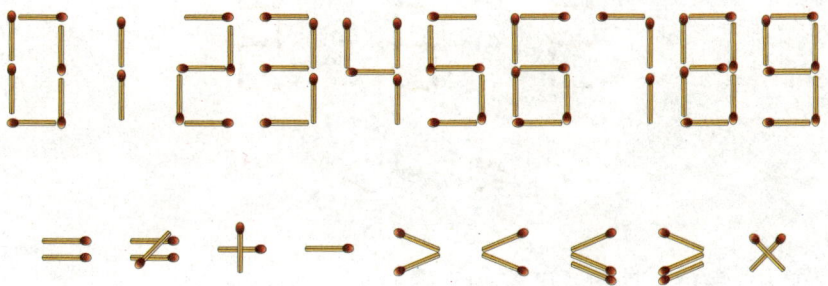

这些数字和符号，在去掉或添加或移动火柴棍后有些可以相互变化。例如：

添加1根火柴，可以得到：

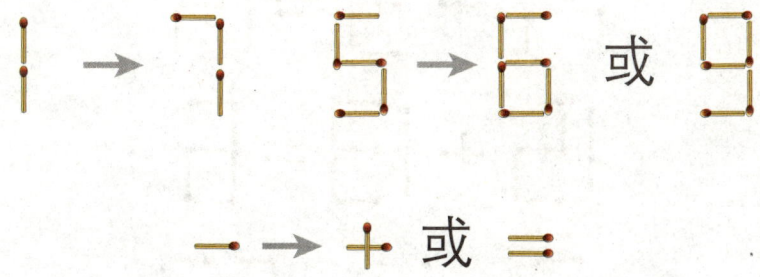

去掉1根火柴，可以得到：

8 → 6 或 9 或 0

≠ → =

移动1根火柴，可以得到：

3 → 2 或 5

< → >

其中"→"表示"可变为"。

1 下面火柴棍摆的算式都是错的。请在各式中去掉或添加或移动1根火柴棍，使各式成立。

17 + 3 = 14

15 + 13 = 6

13 × 4 = 53

CHAPTER 4　★　聪明人的游戏　★

（1）去掉1根，可变为：

$$17 - 3 = 14$$

（2）移动1根，可变为：

$$19 - 13 = 6$$

（3）移动1根，可变为：

$$13 \times 4 = 52$$

2 请改变2根火柴棒把下列等式变正确。

$$221 - 11 - 4 = 1$$

 ★ 聪明人的游戏 ★ CHAPTER 4

去掉一根，移动一根可以得到：

$$22-11-4=7$$

3 移动2根火柴棒，让下列两个算式成立。

(1) $1+9=8+8$

(2) $1+6+8=8$

（1）将右边的两个"8"分别移走一根到左边，变成"6"和"9"；左边的两个数字分别加上一根火柴棒后变成"7"和"8"，如图：

$$7+8=6+9$$

CHAPTER 4 ★ 聪明人的游戏 ★

（2）将第二个加号移走一根火柴棒后变为减号，移走的火柴棒把"1"变为"7"；随后把"6"中的火柴移走一根，让"6"变成"9"，由此得到下图：

$$7+9-8=8$$

4 移动三根火柴让下列算式成立。

$$205\times8=1615$$

答案

移动等式左边的"2"中的一根火柴和"8"中的两根火柴，把"2"变为"6"，"8"变为"3"，多出的火柴移到等式右边的"6"中，将其变为"8"，由此得到下列算式：

$$605\times3=1815$$

★ 聪明人的游戏 ★ CHAPTER 4

5 移动一根火柴让下列算式成立。

3 - 5 = 2

这道题是不是把你难住了？其实我们不光可以变换数字，也可以变换"="的位置，我们只需将"="与"-"用一根火柴调换即可。所得结果如下图：

3 = 5 - 2

6 移动一根火柴让下列算式成立。

14 + 7 + 11 = 24

CHAPTER 4　★ 聪明人的游戏 ★

　　移动左边"+"号中的一根火柴棒,把原式中的"11"变为"17",原算式便变为:

$$14-7+17=24$$

7 添加一根火柴让下列算式成立。

$$15×6=96$$

　　这道题很简单吧,对数字敏感的同学一眼就能发现16×6=96,那么只需添加一根火柴棒把"15"变成"16"即可。

$$16×6=96$$

8 下面方格里的数字，都是用火柴棒组成的。请你移动其中的1根火柴，使每一横行和竖行里的数字相加的和都相等。

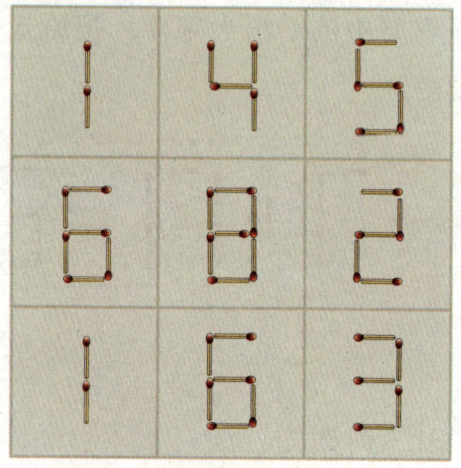

3个横行的数字和分别是10，16，10，3个竖行的数字和分别是8，18，10，那么肯定要将第2行的前两个数字进行调整。

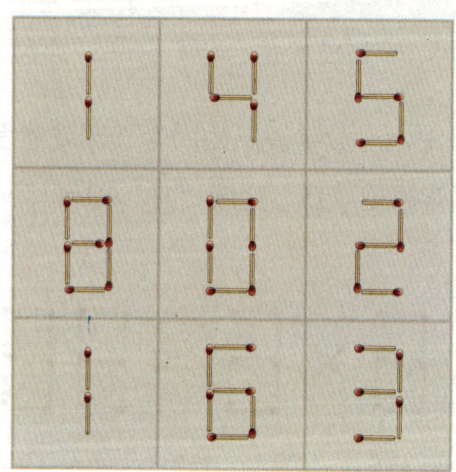

CHAPTER 4　★ 聪明人的游戏 ★

小结：用火柴棒拼成算式，要根据火柴棒组成的数的特点和算式的特点来做。我们可以根据算式中给出的数的特点，从火柴棒排成的数字拿走或添上火柴棒，变成另一个数，或改变一个运算符号，就可以使算式成立。

★ 聪明人的游戏 ★　　CHAPTER 4

数学思维极限

★ 看错的门牌号 ★

一个运动员的门牌号是一个四位数。一天,他在门外做倒立时发现他的门牌号倒着看成了另外一个四位数,而且大了4782。

问该人的门牌号码是多少?

我们把能够倒过来的几个数字列出来,1、6、8、9、0。

个数相差接近4的只有1和6,因此这个四位数首位一定是6、末尾一定是1,即这个数为1xx9,倒过来看就是6xx1。

接下来就是一个简单的算式谜了,由于数字只能在1、6、8、9、0中选取,很快就得到了答案。这个门牌号是1899,倒过来看是6681。

★ 聪明的老鼠 ★

有一次,一只猫抓了20只老鼠,排成一列。猫宣布了它的决定：首先将站在奇数位上的老鼠吃掉，接着将剩下的老鼠重新按1、2、3、4…编号，再吃掉所有站在奇数位上的老鼠。如此重复，最后剩下的一只老鼠将被放生。一只聪明的老鼠听了，马上选了一个位置，最后剩下的果然是它，猫将它放走了！

排在第16个。第1次能被2整除的剩下了，第2次能被4（2的平方）整除的剩下了，第3次能被8（2的3次方）整除的剩下了，第4次能被16（2的4次方）整除的剩下了，所以只有第16个不会被吃掉。

★ 女生人数 ★

某校初一有甲、乙、丙三个班，甲班比乙班多4个女生，乙班比丙班多1个女生，如果将甲班的第一组同学调入乙班，同时将乙班的第一组同学调入丙班，同时将丙班的第一组同学调入甲班，则三个班的女生人数恰好相等。已知丙班第一组有2名女生，问甲、乙两班第一组各有多少女生？

你是不是被题目给绕晕了？理顺自己的思路，把繁琐的文字变成简洁的算式吧。

设甲、乙两班第一组的女生分别有 m 和 n 个,丙班女生有 x 个,依据题意则:乙班就有 $x+1$ 个女生,甲班就有 $x+5$ 个女生,三个班平均每班有女生 $x+2$ 个(利用改变量来计算)

丙班:$-2+n=(x+2)-x$

甲班:$+2-m=(x+2)-(x+5)$

可以得出 $m=5$,$n=4$

因此甲乙两班第一组各有女生5人、4人。

书的页码

对一本书的所有页码从1开始顺序编号。为编此页码所用的1、2、3…9、0数码总共有999个,请问此书多少页?

答案

从1页到9页,有9页,$1×9=9$,用了9个数字;

从10页到99页,有90页,$2×(99-9)=180$,用了180个数字;

此时还剩下:$999-9-180=810$个数字,而这些数字都分布在100~999之间的页码中,因此三页的页码有:

$810÷3=270$(页)

所以总页码数为:$9+90+270=369$(页)。

CHAPTER 4 ★ 聪明人的游戏 ★

★ 如何盈利 ★

我们大家一起来试营一家有80间套房的旅馆，看看知识如何转化为财富。

经调查得知，若我们把每日租金定价为160元，则可客满；而租金每涨20元，就会失去3位客人。每间住了人的客房每日所需服务、维修等项支出共计40元。

问题：我们该如何定价才能赚最多的钱？

日租金为360元时，可以获得最大利润。

虽然比客满价高出200元，因此失去30位客人，但余下的50位客人还是能给我们带来360×50=18000元的收入；扣除50间房的支出40×50=2000元，每日净赚16000元。而客满时净利润只有160×80－40×80=9600元。

如果你学过一元二次方程的函数图像，你可以设函数将其画出，这样你会更加清晰地看到利润与房价的对应关系。

★ 装水果 ★

联欢会上，要把10个水果装在6个袋子里，要求每个袋子中装的水果都是双数，而且水果和袋子都不剩。应该怎样装？

每个袋子放2个,再把5个袋子装在最后一个袋子里。当常规方法无法解答问题时,不妨换个思路来想想。

★ 不知数目的梨 ★

一个筐里装着52个苹果,另一个筐里装着一些梨。如果从梨筐里取走18个梨,那么梨就比苹果少12个。原来梨筐里有多少个梨?

下面给出三种求解方法,请自己想想其中的区别。

(1)根据取走18个梨后,梨比苹果少12个,先求出梨筐里现有梨52－12=40(个),再求出原有梨:(52－12)+18=58(个)。

(2)根据取走18个梨后梨比苹果少12个,我们设想"少取12个"梨,则现有的梨和苹果一样多,都是52个。这样就可先求出原有梨比苹果多18－12=6(个),再求出原有梨:52+(18－12)=58(个)。

(3)根据取走18个梨后梨比苹果少12个,我们设想不取走梨,只在苹果筐里加入18个苹果,这时有苹果:52+18=70(个)。这样一来,现有苹果就比原来的梨多了12个。由此可求出原有梨(52+18)－12=58(个)。

CHAPTER 4　　★ 聪明人的游戏 ★　　

因此原来筐中有58个梨。

★ 日进夜退 ★

一口枯井深230厘米,一只蜗牛要从井底爬到井口处。它每天白天向上爬110厘米,而夜晚却要向下滑70厘米。这只蜗牛哪一天才能爬出井口?

因蜗牛最后一个白天要向上爬110厘米,井深230厘米减去这110厘米后(等于120厘米),就是蜗牛前几天一共要向上爬的路程。

因为蜗牛白天向上爬110厘米,而夜晚又向下滑70厘米,所以它每天向上爬110－70=40(厘米)。

由于120÷40=3,所以,120厘米是蜗牛前3天一共爬的。故第4个白天蜗牛才能爬到井口。

★ 检阅彩车 ★

一次检阅,接受检阅的彩车车队共有30辆,每辆车长4米,前后每辆车相隔5米。这列车队共排列了多长?如果车队每秒行驶2米,那么这列车队要通过535米长的检阅场地,需要多久?

车队间隔共有，30－1＝29（个），

每个间隔5米，所以，间隔的总长为：

（30－1）×5＝145（米），

而车身的总长为30×4＝120（米），故这列车队的总长为：

（30－1）×5＋30×4＝265（米）。

由于车队要行265＋535＝800（米），且每秒行2米，所以，车队通过检阅场地需要：

（265＋535）÷2＝400（秒）＝6分40秒。

答：这列车队共长265米，通过检阅场地需要6分40秒。

踏台阶

父子俩一起攀登一个有300个台阶的山坡，父亲每步上3个台阶，儿子每步上2个台阶。从起点处开始，父子俩走完这段路共踏了多少个台阶？（重复踏的台阶只算一个）

因为两端的台阶只有顶的台阶被踏过，根据已知条件，儿子踏过的台阶数为：

300÷2＝150（个），

父亲踏过的台阶数为300÷3＝100（个）。

由于2×3=6，所以父子俩每6个台阶要共同踏一个台阶，共重复踏了300÷6＝50（个）。所以父子俩共踏的台阶级数为：

150＋100－50＝200（个）。

答：父子俩一共踏了200个台阶。

★ 坐船过河 ★

37个同学要坐船过河，渡口处只有一只能载5人的小船（无船工）。他们要全部渡过河去，至少要使用这只小船渡河多少次？

如果由37÷5=7余2，得出7+1=8次，那就错了。因为忽视了至少要有1个人将小船划回来这个特定的要求。实际情况是：小船前面的每一个来回至多只能渡4个人过河去，只有最后一次小船不用返回才能渡5个人过河。

因为除最后一次可以渡5个人外，前面若干个来回每个来回只能渡过4个人，每个来回是2次渡河，所以至少渡河

[（37－5）÷4]×2+1=17（次）。

因此至少要渡河17次。

★ 聪明人的游戏 ★　　CHAPTER 4

提前响的闹钟

小丽家里的闹钟每天早晨6点半准时响铃,提醒小丽起床,准备上学。有一次,小丽第二天要6点钟起床到学校去大扫除,她在头天晚上9点时把闹钟钟面时间调到8点半还是调到9点半,才能使闹钟第二天早晨6点钟响铃?

要使闹铃6点钟响,即比平常提前半小时响,此时的钟面时间是6点半,它比正确时间多半小时。所以,在头天晚上9点调时针时,必须使钟面时间比正确时间多半小时,即应调到9点半。

约定的时间

小明和小强约定10点钟在学校门口碰面,小明的表慢5分钟,而他却以为慢10分钟;小强的表慢10分钟,而他却以为快5分钟。他俩会面时,谁迟到了?先到者等了多少时间才见到迟到者?

以正确时间为准。小明以为他的表慢10分,所以,他比钟面时间提早10分到达,实际上他的钟面时间只比正确时间慢5分,所以小

CHAPTER 4 ★ 聪明人的游戏 ★

明提前了10－5=5（分）；小强以为他的表快5分，所以，他比钟面时间晚到5分，实际上他的钟面时间比正确时间慢10分，小强迟到了10+5=15（分）。会面时，小强迟到了，又由于：

5+15=20（分）。

因此：小明等了小强20分钟。

奇数与偶数

在黑板上先写出三个自然数"3"，然后任意擦去其中的一个，换成所剩两个数的和。照这样进行100次后，黑板上留下的三个自然数的奇偶性如何？它们的乘积是奇数还是偶数？为什么？

根据奇偶数的运算性质知：

第一次擦后，改写得到的三个数是6，3，3，是"二奇一偶"；

第二次擦后，改写得到的三个数是6，3，3或6，9，3或6，3，9，都是"二奇一偶"。

以后若擦去的是偶数，则改写得到的数为二奇数之和，是偶数；若擦去的是奇数，则改写得到的数为一奇一偶之和，是奇数。总之，黑板上仍保持"二奇一偶"。

所以，无论进行多少次擦去与改写，黑板上的三个数始终为

"二奇一偶"。

它们的乘积：奇数×奇数×偶数=偶数。

故进行100次后，所得的三个自然数的奇偶性为二奇数、一偶数，它们的乘积一定是偶数。

★ 多出的乒乓球 ★

盒子里放有3只乒乓球，一位魔术师第一次从盒子里拿出1只球，将它变成3只球后放回盒子里；第二次又从盒子里拿出2只球，将每只球各变成3只球后放回盒子里……第十次从盒子里拿出10只球，将每只球各变成3只球后放回到盒子里。这时盒子里共有多少只乒乓球？

一只球变成3只球，实际上多了2只球。第一次多了2只球，第二次多了2×2只球……第十次多了2×10只球。因此拿了十次后，多了：

$$2×1+2×2+\cdots+2×10=2×(1+2+\cdots+10)$$
$$=2×55=110（只）。$$

加上原有的3只球，盒子里共有球110+3=113（只）。

CHAPTER 4　★ 聪明人的游戏 ★

★ 节日彩灯 ★

节日的夜景真漂亮，街上的彩灯按照5盏红灯、再接4盏蓝灯、再接3盏黄灯，然后又是5盏红灯、4盏蓝灯、3盏黄灯……这样排下去。问：

（1）第100盏灯是什么颜色？

（2）前150盏彩灯中有多少盏蓝灯？

这是一个周期变化问题。彩灯按照5红、4蓝、3黄，每12盏灯一个周期循环出现。

（1）100÷12＝8……4，所以第100盏灯是第9个周期的第4盏灯，是红灯。

（2）150÷12＝12……6，前150盏灯共有12个周期零6盏灯，12个周期中有蓝灯4×12＝48（盏），最后的6盏灯中有1盏蓝灯，所以共有蓝灯48＋1＝49（盏）。

★ 正立方体涂漆 ★

一个边长为8的正立方体（正四面体），由若干个边长为1的正立方体组成，现在要将大立方体表面涂漆，问一共有多少小立方体被涂上了颜色？

由题意可知,大立方体一个面有64个小立方体,总共6个面,64×6=384(个)。

八个角上的小正方体特殊,每个被多算了两次,一共多算了2×8=16(个)。

其他处于边上的小正方体,每个被多算了一次,一共多算了:6×4×2+4×6=72(个)。

所以一共有:384－16－72=296(个)小立方体被涂了色。

★ 树高几何 ★

有甲乙两只蜗牛,它们爬树的速度相等,开始,甲蜗牛爬树12尺,然后乙蜗牛开始爬树,甲蜗牛爬到树顶,回过头来又往回爬到距离顶点1/4树高处,恰好碰到乙蜗牛。

问树高几尺?

从题目略作推理可知,甲爬了5/4个树的高度,乙爬了3/4个树的高度,因此甲比乙多爬了1/2个树的高度,即:树高的1/2为12尺,得出树为24尺。

CHAPTER 4 ★ 聪明人的游戏 ★

★ 满分的人数 ★

一个班有50个学生。第1次考试有26人得到满分,第2次考试有21人得到满分。已知两次考试都没得到满分的人为17人,求两次考试都得到满分的人数。

我们用方程的思想来解决这个问题。令两次都得满分的人为x。

班级学生总数=第1次满分且第2次不是满分的人数

+第2次满分且第1次不是满分的人数

+两次都满分的人数

+两次都未满分的人数。

第1次满分且第2次不是满分的人数为$26-x$(人),第2次满分且第1次未满分的人数为$21-x$。

因此$50=(26-x)+(21-x)+x+17$

解得$x=14$,因此两次都得满分的人数为14人。

★ 四数之和 ★

有4个不同的自然数,它们当中任意两数的和是2的倍数,任意3个数的和是3的倍数,为了使这4个数的和尽可能小,则这4个数的和为多少?

由"它们当中任意两数的和是2的倍数",这四个数要么全为奇数,要么全为偶数。

再由"任意三个数的和都是3的倍数"可知这些数都是除以3后余数相同的数(能被3整除的数视其余数为0)。如第一个数取3(奇数,被3除余0),接着就应取9、15、21…(都是奇数,被3除余0);如第一个数取2(偶数,被3除余2),接着应取8、14和20…(都为偶数且被3除余2)。因为要让这4个数的和尽可能小,故第一个数应取1。所取的数应依次是:1、7、13、19,它们的和为1+7+13+19=40。

★ 求圆的周长 ★

A、B是圆的一条直径的两端,小张在A点,小王在B点,同时出发逆时针而行,第一周内,他们在C点第一次相遇,在D点第二次相遇。已知C点离A点80米,D点离B点60米。求这个圆的周长。

从一开始运动到第一次相遇,小张行了80米,小王行了"半个圆周长+80"米,也就是在相同的时间内,小王比小张多行了半个圆周长。

然后，小张、小王又从C点同时开始前进，因为小王的速度比小张快，要第二次再相遇，只能是小王沿圆周比小张多跑一圈。从第一次相遇到第二次相遇小王比小张多走的路程（一个圆周长）是从开始到第一次相遇小王比小张多走的路程（半个圆周长）的2倍。也就是，前者所花的时间是后者的2倍。对于小张来说，从一开始到第一次相遇行了80米，从第一次相遇到第二次相遇就应该行160米，一共行了240米。

这样就可以知道半个圆周长是240－60=180（米）。因此圆的周长为360米。

★ 巧得40毫升 ★

如果你有一个50毫升的水杯和一个30毫升的水杯，如何能准确地量出40毫升的水？

把倒满50毫升水的杯子里的水倒入空的30毫升杯子，倒至30毫升停止，把装满30毫升水的杯子倒空。

再把50毫升杯子中所剩的20毫升倒入空的30毫升的杯子，倒完为止。

最后将50毫升空杯子里倒满，然后把满的50毫升的水向盛有20毫升水的30毫升杯子里倒，倒至30毫升为止。此时，50毫升杯子中就盛了40毫升水。

★ 巧解算式 ★

$125 \times 618 \times 32 \times 25 = ?$

$125 \times 618 \times 32 \times 25 =（125 \times 8）\times（4 \times 25）\times 618$

$= 1000 \times 100 \times 618$

$= 61800000$。

★ 质数的积 ★

三个质数的和为100，这三个质数的积最大是多少？

三个质数的和为100，那么这三个数中必有一个偶数2（因为质数除了2之外全为奇数，两个奇数和必为偶数，加上最后一个质数要得到偶数100，则最后一个质数必为2）然后还剩下98，要求乘积最大，必须差最小。

而$98 \div 2 = 49$，也就是必须一个小于49，一个大于49，和为98。所以符合条件的这3个数是：2、37、61；它们的乘积为：

$2 \times 37 \times 61 = 4514$。

图书在版编目(CIP)数据

被虐待的思维/曹外香主编.—天津：天津科学技术出版社，2012.3（2019.6重印）

ISBN 978-7-5308-6883-6

Ⅰ.①被… Ⅱ.①曹… Ⅲ.①数学–思维方法–青年读物②数学–思维方法–少年读物 Ⅳ.①O1-0

中国版本图书馆CIP数据核字（2012）第046124号

被虐待的思维
BEI NUEDAI DE SIWEI

责任编辑：郑　新

出　　版：	天津出版传媒集团 天津科学技术出版社
地　　址：	天津市西康路35号
邮　　编：	300051
电　　话：	（022）23332674
网　　址：	www.tjkjcbs.com.cn
发　　行：	新华书店经销
印　　刷：	三河市燕春印务有限公司

开本 700×1000mm 1/16　印张 9　字数 150 000
2019年6月第1版第3次印刷
定价:29.80元